Photon Elf Adventures

光子精灵漫游记

带你探索光的奥秘

陈长水　著

科学出版社

北京

图书在版编目（CIP）数据

光子精灵漫游记/陈长水著 .—北京：科学出版社，2015.1

ISBN 978-7-03-042233-0

I.①光… II.①陈… III.①光子-普及读物 IV.①O572.31-49

中国版本图书馆CIP数据核字（2014）第244814号

责任编辑：侯俊琳　牛　玲　何　况　张翠霞/责任校对：张凤翠
责任印制：李　彤/封面设计：铭轩堂
编辑部电话：010-64035853
E-mail: houjunlin@mail.sciencep.com

科学出版社出版
北京东黄城根北街 16 号
邮政编码：100717
http://www.sciencep.com
北京盛通数码印刷有限公司印刷
科学出版社发行　各地新华书店经销

*

2015 年 1 月第　一　版　开本：720×1000　1/16
2022 年 6 月第六次印刷　印张：13 1/4
字数：176 000

定价：48.00 元
（如有印装质量问题，我社负责调换）

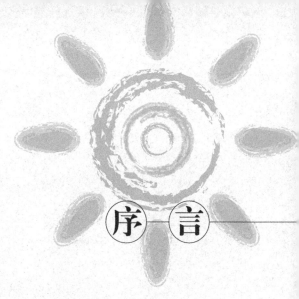

序 言

　　21世纪是光的世纪。在世纪之初,我们出版了一本书——《光电子世界——从电子学到光子学》,全面介绍了光子技术的发展。现在,已经到了2014年,我们很高兴地看到了光生物学和激光光学在多个学科中的迅速发展,其应用得到了社会的广泛关注。我推荐的这本书——《光子精灵漫游记》,作为前者的后篇,生动地介绍了这一领域的发展。著者用对话的方式对光生物学、激光光学、激光应用等方面进行阐述和介绍,内容丰富,涵盖面广,可读性强,其中既有对经典光学知识的梳理和总结,也有对正在蓬勃发展的光学前沿的介绍;既有光在生物学界的展现,也有光学历史的描绘。可以说这是一本兼具学术价值和阅读乐趣的经典光学科普读物,它不仅可以使热爱和研究光学的人们从中获得思维的启迪和阅读的乐趣,也将为青年读者打开一扇通往知识殿堂的窗户,真正领悟到科学严谨卓越、博大精深之美。

中国科学院院士　刘颂豪

2014. 1. 10

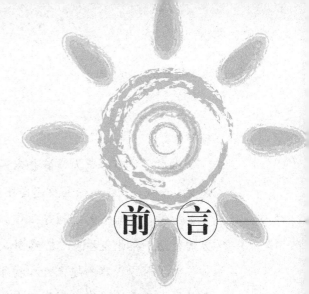

前 言

科学是什么？科学是"大自然与心智的对话"。通过短期的学习，人们可以掌握知识，但领会科学的意蕴不仅需要时间的积淀，更需要智能的开启。《物理学的概念与文化素养》的作者阿特•霍布森（Art Hobson）教授曾说过："每个学生都需要具有'科学素养'，他们应当理解科学的工作机制，他们应当理解迷信和伪科学的害处，他们应当理解科学的主要事实和原理，他们应当能够阅读报章杂志上的科学文章，他们应当理解全球变暖、资源枯竭和其他与科学有关的环境问题将如何影响他们的生活，并且他们应当终生保持对科学的兴趣。"

从这个目的出发，我们从自然界的光学现象入手，选取了一些在日常生活中常见的与植物和动物相关的现象来进行科学的解释叙述，接着进行物理光学的基本原理介绍，最后重点介绍激光光学及其多种应用。全书力图用生动活泼的语言和循循善诱的表达来引导读者的兴趣，遵循格物致知的原则，还设计了一些有问有答的会话场景，来让读者思考与探究。我们想告诉读者的，不仅是科学的神奇，更希望他们能体验到这神奇，从而领会科学的奥秘。

总的来说，这是一本面向中学生、大学生和其他科学爱好者，以及激光产业从业人员等的科普读物。在内容选取上，既专注于生物与物理原理和概念的讲解，又联系实际，关心生活；既条理分明地讲述光学的发展历程，又探讨光学领域的新进展、新发现。可以说，本书集专业化与生活化于一体，系客观叙述和现场感知于一线，是一本充满趣味的科

普读物。

　　本书由华南师范大学陈长水研究员著述，华南师范大学的韩田、罗淑文、李威、刘拓、徐磊及赵向阳等参与了部分文字的编辑和整理工作，郭昱辰参与了插图的绘画等工作。在本书的编写过程中，受到了来自各方的帮助，在此表示衷心的感谢。

　　为了兼顾内容的趣味性和物理概念的准确性，我们对插图的处理主要是结合已有的图形或创作，或简单改进，或直接使用，由于图形的数量较多，在书中没有一一列出，在此对我们使用或理念上提供帮助的图形创作者表示衷心的感谢！

　　由于笔者水平有限，书中难免有不足之处，敬请读者多提宝贵意见或批评指正。

陈长水

2014 年 5 月 22 日

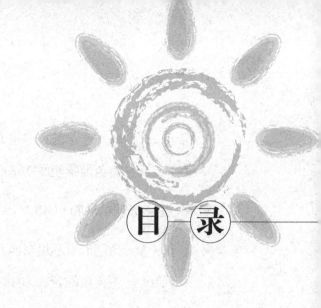

目 录

序言 / i

前言 / iii

第一章　奇幻旅程的开始 / 001

第二章　遨游大千世界 / 005

　　第一天　植物世界的奥妙 / 007

　　第二天　树木为什么不向地底生长？/ 011

　　第三天　种子发芽的时间 / 015

　　第四天　植物也分阴阳 / 019

　　第五天　"夜猫子"动物 / 021

　　第六天　花无百日红 / 024

　　第七天　迁徙的候鸟 / 027

　　第八天　五彩斑斓的海底 / 031

　　第九天　植物的叶子多种多样 / 034

　　第十天　跳舞草的跳舞之谜 / 036

第十一天　盖一座车前草房子 / 038

第十二天　有色薄膜使作物增产 / 040

第三章　追逐光明的动物 / 043

第十三天　透明人看不见东西 / 045

第十四天　萤火虫的光辉 / 048

第十五天　动物的保护色 / 050

第十六天　动物眼睛的特异功能 / 053

第十七天　蝴蝶的艺术世界 / 056

第十八天　认识肿瘤 / 059

第十九天　光子给癌前细胞"把脉" / 062

第四章　奇幻多彩的物理世界 / 067

第二十天　初识神奇的光 / 069

第二十一天　光的特异功能之干涉 / 075

第二十二天　光的特异功能之衍射 / 080

第二十三天　光子的独白 / 085

第五章　神奇的光——激光 / 089

第二十四天　激光世界初窥 / 091

第二十五天　能量去哪儿了？ / 095

第二十六天　激光是怎么得来的 / 098

第二十七天　激光光斑的形状 / 105

第二十八天　激光器也可以有"闸门" / 107

第二十九天　激光的变身——非线性光学 / 109

第三十天　庞大的激光器家族 / 112

第三十一天　备受宠爱的光纤激光器 / 115

第三十二天　小巧高效的半导体激光器 / 119

第三十三天　大家伙粒子加速器 / 124

第六章　光的魅力展示 /129

第三十四天　激光通信 / 131

第三十五天　大气激光通信 / 134

第三十六天　光纤通信 / 137

第三十七天　量子保密通信 / 140

第三十八天　点亮世界的 LED/ 143

第三十九天　Li-Fi 技术 / 147

第四十天　超信息量的立体激光记录 / 149

第四十一天　不用开刀的激光手术 / 151

第四十二天　透明陶瓷与陶瓷激光器 / 155

第四十三天　用激光"打印商标"和"印花" / 158

第四十四天　用激光切割物体会产生碎屑吗？ / 160

第四十五天　激光打孔和焊接 / 163

第四十六天　激光清洗技术 / 167

第四十七天　3D 激光打印——没有不可能 / 171

第四十八天　4D 打印铸就科幻梦想 / 179

第七章　国防航天显神威 / 183

第四十九天　了不起的激光武器 / 185

第五十天　航空航天缺不了 / 188

第五十一天　"太空电梯"供动力 / 190

附注一　光的前世今生 / 194

附注二　一次物理学盛会 / 198

附注三　回答问题 / 200

第一章

奇幻旅程的开始

对科学充满无穷好奇心的星儿是个活泼可爱的男生，对很多现象总爱追根问底。一天雨后，天空湛蓝，远处出现了美丽的彩虹，很少看到彩虹的星儿雀跃起来，想要数清彩虹的颜色，他很好奇彩虹是怎么形成的。这时彩虹中间出现奇异的亮光，那亮光越来越近，越来越大，越来越亮，星儿觉得有些刺眼，不由得用手遮住眼睛。那光点到了星儿身边，光芒便渐渐暗了下去，竟然是一个圆圆的水晶球，浑身上下散发着通透而又梦幻的光。

"嗨，你好！"一个空灵的声音从水晶球内部发出。

星儿有些胆怯地回应道："你好，你是谁，从哪里来？"

水晶球："我是来自银河系另一端的塞思雅星球的智慧水晶，因为感应到你对科学的无比热爱，所以来到你身边，帮助你探寻科学世界的奥秘，并且把这些奥秘传播给更多爱好学习的同学。"

星儿伸出手，把它捧在手心里，像是得到了稀世珍宝似的仔细端详，不由得看呆了："哈！好棒呀！那我可以邀我的同学们一起吗？"

水晶球："当然可以，知识被传播得越广越好，而且合作学习也是一项很重要的技能啊！它还能让你交到更多兴趣相投的朋友呢！"

星儿马上召集了小伙伴，大家将信将疑地看着这颗水晶球。星儿把水晶球拿到阳光下，它开始发出耀眼的强光，通体变得流光溢彩。突然，水晶球"嗖"的一下飞出去，不见踪影了。大家吓得四散躲藏却又慌忙寻找它的身影，只有星儿站在原地没有动。这个奇怪的球仿佛从遥远的天际又快速飞了回来。光球慢慢飞近，停在了星儿面前，强光逐渐聚集在内部，球体发出柔和又梦幻的颜色，让人仿佛置身于宁静的仲夏夜。这神奇的光

谁也不曾见过，好像宇宙被装在了球里。

　　大家又惊又喜，围了上来，星儿骄傲地说："怎么样，厉害吧！"

　　量子谨慎地看着水晶球说："它真的来自别的星球吗？不是什么新型玩具？"

　　空灵又有些调皮的声音从水晶球内部传来："当然不是了，我是塞思雅星球的智慧水晶，我时常在宇宙中游走，学习并传播知识，因为听说地球上的人们善良好学，所以我才来到这里。"

　　果儿迟疑地问道："你是生命体吗？你怎么会飞呢？"

　　"哈哈，我是能量石，我必须要吸收能量才能飞行和说话，我们塞思雅星球是宇宙中的高等星球，所以我们才有不可思议的力量。"

　　正说着，"啪"的一声，水晶球突然变成了长着翅膀的精灵，脑袋上还顶着两个圆圆的小球，正一闪一闪地发着光。

　　大家不由得惊呼了一声，这时精灵说话了："在太空中遨游的时候，我一般都是变成水晶球，但是在地球上我还是这样比较好。"

　　"那该怎么称呼你呢？你真的什么都知道？"量子很是好奇地问道。

　　"在我们星球，我是负责收集和传播光的智慧水晶，所以我的名字叫做光子精灵。我飞翔的能量都是来自光。"

　　精灵调皮地转了个身，对大家说："同学们，你们准备好和我一起去感受光的魅力了吗？"

光子精灵

第二章

遨游大千世界

第一天　植物世界的奥妙

万物生长靠太阳，因为有了阳光所以地球才有了生机。因为有了植物，所以生机才得以延续。那么，植物延续地球生机的奥秘在哪里呢？为了使大家了解生命生生不息的玄机，光子精灵决定先带大家去了解一下光与植物之间的关系。

光子精灵带着大家来到一片郁郁葱葱的雨林，高大的乔木遮天蔽日，藤蔓植物缠绕着上升或者自然地垂下，下面稀稀落落地生长着矮小的灌木，在比较阴暗的角落里，嫩绿的青苔安静地生长着。在这样安静平和的环境里，大家情不自禁地放松身心。星儿笑着说："我觉得自己在吸天地之间的灵气，集日月之精华，活力倍增呀！"

光子精灵："星儿是要变成植物了么？只有植物才能从阳光中获取能量，今天来这里其实主要就是想向你们介绍植物的奥秘。绿色植物的光合作用是地球上最重要的植物生理活动。光合作用利用光子能（将光能量量化，即一份光的能量）和二氧化碳（CO_2）合成储存能量的糖类并释放氧气（O_2），提供了地球上几乎所有生物生存的基本条件和生长发育必需的养分。据估计，地球上的植物每年将 6×10^{14} 千克的 CO_2 转变成糖类，同时释放 4×10^{14} 千克的 O_2。"

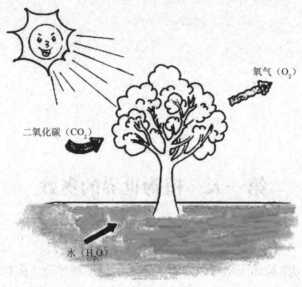

光合作用

星儿："哇！这么庞大的数量啊，那么光合作用是因为需要光照才得名的吗？"

光子精灵："嗯，是的，光是绿色植物进行光合作用的能量来源。没有光，植物就不能进行光合作用。光合作用分为光反应和暗反应两个过程：有光子参与的就是光反应，包括光子吸收、电子传递和光合磷酸化三个阶段；暗反应则是叶绿体利用光反应的产物将 CO_2 还原合成糖，将光能转变为化学能储存于有机物中的过程。"

星儿："暗反应阶段就不需要光子了吗？"

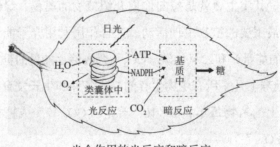

光合作用的光反应和暗反应

光子精灵："嗯，顾名思义，暗反应是不需要光就能进行的。我先带你们去看看光反应阶段是怎么进行的吧！"

光子精灵默念咒语，把星儿他们带到了一个陌生的地方。

星儿："哇！好一派繁忙的景象啊！这是哪里呀，怎么从来没见过？"

光子精灵："我们现在是在植物的一个细胞里面。我施展魔法把你们带到了植物细胞里，让你们亲眼看看植物的生命活动。"

果儿："啊，好神奇！原来植物细胞里面这么复杂啊，这些都是什么呢？"

"植物细胞主要由细胞壁、细胞膜、叶绿体、细胞核等组成。动物细胞是没有细胞壁和叶绿体的，"光子精灵娓娓道来，"你们看，这像橄榄球形状的特殊质体就是叶绿体。叶绿体是植物进行光合作用的场所，它不仅是植物生命活动的'养料制造车间'，还是将光能转化为化学能的'能量交换站'。叶绿体主要含有大量叶绿素和部分类胡萝卜素。这些色素都可以捕获太阳光，但只有叶绿素可以利用吸收的光进行光合作用。"

"叶绿素分子吸收光子以后，会激发出高能电子，继而会引发水的光解，释放出氧气，同时产生腺苷三磷酸（ATP）和还原型辅酶Ⅱ（NADPH）为暗反应提供原料。"

"那其他的色素只是用来吸收光，却不进行光合作用？"

"是的，类胡萝卜素不能像叶绿素一样进行光合作用，但能把捕获的光能传递给叶绿素。在植物生长旺盛的春季和夏季，叶绿素在叶子中的含量比其他色素要丰富得多，所以大部分植物的叶子都呈现

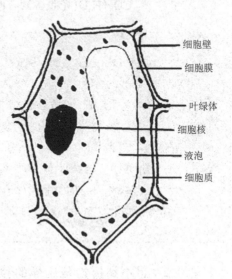

细胞壁
细胞膜
叶绿体
细胞核
液泡
细胞质

植物细胞图

出叶绿素的绿色。秋天到来后，树叶便不再像春夏季节那样大量制造叶绿素，叶子中已有的叶绿素也会逐渐分解。随着叶绿素含量的逐渐减少，其他色素的颜色就会在叶面上渐渐显现出来，于是树叶就呈现出黄、红等颜色。"

$$2H_2O \xrightarrow[\text{叶绿素}]{\text{光能}} 4[H]+O_2 \longrightarrow 4H^++4e^-+O_2\uparrow$$

星儿："原来这就是秋天枫叶被染红的原因啊！那么暗反应又是怎么回事呢？"

光子精灵："到了暗反应阶段，光子不再参与反应，就到了把 CO_2 变成糖类物质的时候了。暗反应就是利用光反应的 ATP 和 NADPH 将 CO_2 还原合成糖的过程。"

$$CO_2+2H_2O \xrightarrow[\text{叶绿素}]{\text{光能}} (CH_2O)+O_2+H_2O$$

"光合作用的实质是把 CO_2 和 H_2O 转变为有机物（物质变化）和把光能转变成有机物中稳定的化学能（能量变化）的过程。"

$$CO_2+H_2O(\text{光照、酶、叶绿体})=(CH_2O)+O_2$$

光子小札

ATP: Adenosine Triphosphate，中文名称为腺嘌呤核苷三磷酸，又叫腺苷三磷酸，简称 ATP。其中，A 表示腺苷，T 表示其数量为三个，P 表示磷酸基团，即一个腺苷上连接三个磷酸基团。这种含有高能磷酸键的有机化合物，它的大量化学能就储存在高能磷酸键中，是生命活动能量的直接来源。

NADPH：NADPH 是一种辅酶，叫还原型辅酶Ⅱ，学名烟酰胺腺嘌呤二核苷磷酸。NADPH 通常作为生物合成的还原剂，在很多生物体内的化学反应中有重要的意义。

星儿："想不到植物是这样的独立呀！自给自足就能长久地生存下去！"

光子精灵："是啊，所以植物是地球上大部分生物的生存来源。我带你们出去吧，在别的地方同样活跃着光子。"

星儿："叶绿体好美呀，就像是食物制造工厂，在植物细胞里有条不紊地完成任务。各种生命活动相互交织，奏出和谐的生命乐章。"

乔乔："叶绿体的工作勤劳有序，彼此合作又分工明确，把自己携带的能量依次传递下去，我也要学习它们的团结协作精神。"

夕阳西下，天色渐晚，光子精灵带着同学们回去了。她不知道星儿那充满奇思妙想的脑袋里还会有什么问题，所以她决定每次他产生困惑，她就出现，然后帮他解答问题。

第二天　树木为什么不向地底生长？

"天苍苍，野茫茫，风吹草低见牛羊。"读完这句话，星儿合上书本，他忽然想到，无论是参天的乔木，还是低矮茂密的灌木，甚至那贴在地上的小草都在奋力向上生长。为什么几乎所有绿色的植物都会有这样的特性呢？为什么它们要拼命地向上生长，拼命地向下扎根？于是，他找来了同学们，和他们一起讨论这个问题。

量子说："因为水分和养料在土壤里面，根只有向下生长才能最大量地吸收。"

"这是很平常的现象，我倒没有思考过，难道也有什么道理吗？"果儿说。

不知何时，光子精灵又出现在大家中间，轻飘飘地落下："常见的现象不简单，简单的现象不常见。伟大的科学家牛顿不也是从掉落下来的苹果

中发现万有引力的吗？"

说完，转了个身，环视一下大家，发现大家都在认真注视着她，她才继续说："植物的根总是向下生长，以便得到水和肥料，而茎总是向上生长，以便得到阳光来进行光合作用。你们注意到了吗，种进地里的种子都是横七竖八的，但生长出来的植物都是根朝下、茎朝上的，这叫植物的向性运动。"

光子精灵又问道："同学们，向日葵又叫'朝阳花'，它们就像离不开妈妈的孩子，用一张张喜悦的面庞对着太阳笑。那么你们知道它为什么总朝向太阳生长吗？"

星儿："不知道，难道也有什么神秘的魔法力量吗？"

光子精灵："这也与光子有关哦！棉花、向日葵和花生等植物顶端每天随阳光而转动，这种现象是生长素或者某种物质控制叶枕（叶柄基部）的运动细胞引起的。如果仔细观察的话，会发现向日葵花白天随太阳由东而西转动，正午时分朝南而转向西方，到夜间八点半钟左右由西向东转，至子夜葵花又朝向东方，而并非在第二天太阳初升时才从西转向东方的。当然了，上面所说的向日葵花的向性运动，在花盘成熟后就'失效'了。"

星儿："那在向日葵的体内有什么奥秘吗？是什么驱使它围着太阳转的呢？"

光子精灵："向日葵中有很多生长素，而生长素总是向着背面转移的多，背光面生长素含量高，生长速度加快，就引起向日葵的茎端向光弯曲了。光也可以使向光面的生长素破坏和钝化而丧失作用，而背光面的生长素仍然保持活性，因而背光面生长快于向光面。所以其实是光子引导活跃在向日葵体内的生长素的活动，就像施展了魔法一样引起一连串反应，最终使得向日葵总是面对着太阳。"

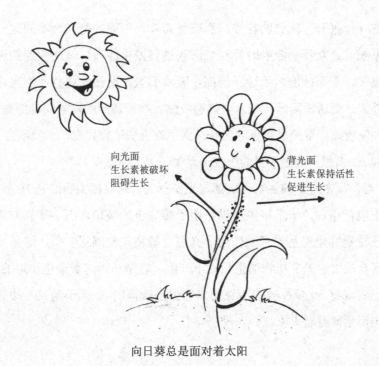

向光面
生长素被破坏
阻碍生长

背光面
生长素保持活性
促进生长

向日葵总是面对着太阳

星儿："哇，光子可真像个顽皮又可爱的孩子呀！居然能使别人在不知不觉中跟着太阳转。"

光子精灵："还有更多种类的光子在植物世界中扮演重要的角色呢。比如，红光可使黄化豌豆幼苗的生长素从茎的上侧向下侧运输，于是茎的下侧生长素含量高，细胞生长快，结果引起茎向上弯曲。含羞草和合欢的叶片在白天展开，晚上闭合，这种张开和关闭也与光有关。"

星儿："含羞草，好有趣的名字啊，难道它会害羞吗？"

光子精灵："含羞草矮矮的，贴着地皮生长，别看它不起眼，它的神经可是超级灵敏的。用手指轻轻地碰一下含羞草，它的叶子就会迅速闭合，然后整片下垂，像一个羞答答的小姑娘低头不语。含羞草的这种特性与它原始的生活环境密切相关，它的祖籍是热带的南美巴西，那里常常大风大雨，每当雨点滴落到叶子上，叶子就闭合起来，叶柄下垂，以免受狂风暴雨的伤害，这也是它对不良环境的一种适应性反应。和含羞草相似，有一种植

物也有叶片张开、闭合的特性，那就是合欢。不同的是，合欢的这一反应受光影响，合欢受光照射时叶枕细胞膜透性发生改变，叶枕腹部细胞吸收一种离子，于是细胞内渗透压提高，吸水膨胀，而在叶枕背部细胞内这种离子外流，渗透压降低，失水而细胞收缩。结果造成叶枕的腹部细胞膨胀，背部细胞收缩，继而引起小叶展开。到了晚上情形则相反，小叶闭合。"

星儿："想不到这么多的植物活动都与光子有关呀！"

"对，很多有趣的生物现象都与光子有关，绿豆根尖照红光 30 秒钟后，根尖正电荷增加，于是根尖可以贴附于带负电的玻璃表面；苹果向光一面的颜色特别鲜艳也是光子的作用；光照使植物花瓣绚丽多彩，这是光促进花色素合成引起的；植物的生长离不开酶，这是一种起着催化作用的物质，人们已发现有 50 多种酶的活性受光的促进或抑制。"光子精灵一边说，一边不无得意地看着大家。

含羞草是真的"害羞"吗？

同学们听得愣了，心里十分佩服光子的神通广大。

星儿说："太阳每时每刻向地球传送光和热，光子帮助植物制造食物和氧气，让我们的地球拥有了如此绚丽多彩的大自然，光子真是太神奇、太伟大了。"

看着无限感慨的星儿，光子精灵会心地一笑，然后挥动魔法棒消失了……

光子小札

高等植物不能像动物一样自由变动位置，但植物体的器官在空间可以产生移动以适应环境的变化，这就是植物的运动。光、重力、水分和化学物质都可引起植物的向性运动，分别称作向光性、向重力性、向水性和向化性。植物随光的方向而弯曲的能力称为向光性。在黑暗中生长的植物无向光性反应。向性运动只发生在正在生长的区域。切去生长区域或停止生长的部位都不会有向性运动。造成向性运动的原因，有的认为是生长素分布不均匀造成的，有的说是重力决定的等等，目前还没有定论，但不论怎样，这都是植物适应环境的一种生存技巧。

第三天　种子发芽的时间

星儿这天跟着爸爸妈妈到爷爷家串门，一进门就见爷爷在浇花，星儿走过去东看看，西看看，都不知道那些盆栽叫什么名字。爷爷见他过来，便笑笑说："秋赏菊，冬扶梅，春种海棠，夏养牵牛，不过最有趣的莫过于每天醒来看到那嫩绿的芽，那种勃勃的生机，让我感觉自己都年轻了好多。"

星儿听了爷爷的话，摸摸头，问道："爷爷，种子埋在土里会发芽，什么时候会发芽你是怎么知道的？"

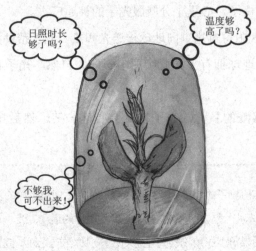

种芽发芽的条件

爷爷一下子被问住了，不知道该怎么回答。这时，光子精灵突然出现，看看星儿，说："这个问题，我来告诉你。其实植物的芽在秋天就形成了，随着季节的推移，环境温度越来越低，不适宜芽种生长，所以芽到秋冬季节就休眠了。来年春回大地，休眠芽中的叶原基开始生长，打破休眠活动、促进萌发生长必需的酶开始合成，进而促进生长所需的蛋白质的合成，芽种就开始生长了。"

"影响植物发芽的另一重要因素就是日照时长。春天来了，日照时间变长，植物有更长久的时间进行光合作用。春天的温度和光照能够满足大多数植物的开花要求，以及后续果实的成熟时间。"

"事实上，每种植物的生长开花都有自己特定的温度和光照要求，而果实的品质与光照有直接关系。光的光强、光质、光照时长对生物有着深刻的作用。"

"在光子的世界中，光子的身份是由频率决定的，所以光子的种类很多，地球上的生物与各种光子有自己独特的相处方式。尽管生物生活在相同的日光下，但不同光质对生物的意义是不同的，生物对光质也产生了选择性适应。"

星儿："那么不同的光子怎么影响生物的生命活动呢？"

光子精灵说："以我们常见的红、橙、黄、绿、青、蓝、紫七色光举例来说，红、橙光是被叶绿素吸收最多的成分，其次是蓝、紫光，而绿光几乎不被吸收，因此绿光又被称为生理无效光。"

星儿："哦，也就是说只有一部分光子可以参与光合作用，而绿色的光子常常被拒之门外？"

"不错，是这样的。这是植物对不同光子的适应作用，例如，长波光可以促进植物的延长生长：红光可通过抑制光合产物从叶中输出来增加叶片的淀粉积累，促进菜豆叶片伸展；短波光则会抑制茎节的伸长；蓝光调控叶绿素的形成、气孔开启，以及光合节律等生理过程，而且蓝紫光、紫外线有利于花青素的形成；对碳的利用而言，蓝光促进新合成的有机物中蛋白质的积累，而红光促进碳水化合物的增加。"

"森林中树木重峦叠嶂，阳光不容易穿透，大部分能量被树冠层截留，为了争取到面积最大的阳光，树冠长成像伞一样的形状，这样植物自身光合作用就越大，制造的养料也越多。

而且，由于紫外线抑制了植物茎的生长，所以很多高山植物都有像莲座状的叶丛。由于日光被树冠截留，到达最下部树木层的日光不仅强度大大减弱，能被植物利用的红光和蓝光也所剩不多，所以生活在那里的植物一般都很矮小和稀少。"

星儿："原来是为森林底部植物服务的光子数目大大减少了，怪不得大森林中树木都那么高，树木底部却没有小树苗，只有一些杂草和苔藓植物。

> **光子小札**
>
> 光质即指光谱成分。所谓光质不同，就是指光线所含的光谱成分不同。光质变化的一般规律是：短波光随纬度的增加而减少，随海拔的升高而增加；冬季长波光增多，夏季短波光增多；一天之内中午短波光较多，早晚长波光较多。

那为什么在热带雨林中有很多藤蔓植物呢？"

　　光子精灵："热带雨林中植被丰富，生长于此的乔木一般高达30米，而盘旋于其中的木质藤本植物，有的茎长可达300米，茎粗在20厘米以上。这些树藤穿行于高层树木之间，利用树缝间隙吸收阳光，进行光合作用，所以藤蔓植物在热带雨林中生长得十分发达。这种情况下，光子仍旧鲜少到达底部。仔细观察的话，热带雨林的下部真正灌木较少，只有大量附生的蕨类，多是耐阴湿生类型的腐生或寄生植物。"

　　星儿："我经常听天气预报，里面有一项是紫外线指数，说明当日紫外线的强弱，那么紫外线光子对生物有什么特殊的影响吗？"

　　光子精灵："紫外线的波长、强度和照射时间都会对细胞生命产生十分复杂的影响。用适量的紫外线照射，对植物生长发育有良好的作用，用紫外线照射种子，可以提高玉米、春小麦、羽扇豆等种子的发芽势和植株产量，还能促进小麦、亚麻、烟草等作物的营养生长，使其分枝增加、叶面积增大、籽粒干重增加，提高整体产量。适量的紫外线还能使黄瓜提早成熟，防止樱桃、番茄腐烂等。此外，紫外线还能引起植物的向光性运动，促进叶绿素、维生素、胡萝卜素、花青素的合成等。"

　　"然而高强度的紫外线照射可使细胞核变形膨大，而线粒体和质体会先膨大而后液泡化，体积缩小，原生质流动减慢甚至停止、凝固，这样光合作用的进行被抑制，核酸和蛋白质合成也受阻碍，致使植物生长发育受到破坏。"

　　星儿："原来紫外线光子也是必不可少的呀，只是不能要的太多，过量就有危害了。就像美味的奶油蛋糕，吃多了会对身体有害。"

　　光子精灵说："对呀，凡事过犹不及，恰当就最好了。好了，明天我们再接着了解光子的作用吧！"

第四天　植物也分阴阳

　　学校组织大家去春游，目的地是植物标本博物馆，里面有各种各样的植物标本，形态各异。星儿看到一株叶子特别小的植物，下面的牌子上写着"阴性植物"，相比之下，旁边的一株植物的叶子就显得特别大，那株植物下面的牌子写着"阳性植物"。

　　星儿好奇心起，问道："植物也分阴阳吗？就像动物分成雌雄一样？"

　　光子精灵一下子出现，轻轻地说："确实，植物也分阴阳，但并不是像雌雄那样明显。光照强度对陆生植物的生长、发育和形态建成有重要作用。获得一定量的光照是植物获取净生产量的必要条件，因为植物必须生产足够的糖类以弥补呼吸消耗。当影响植物光合作用和呼吸作用的其他生态因子都保持恒定时，生产和呼吸这两个过程之间的平衡就主要取决于光照强度了。不同植物对光强的反应是不一样的，根据植物对光强适应的生态类型可分为阳性植物、阴性植物和中性植物（耐阴植物）。"

　　"阳性植物对光要求比较迫切，只有在足够光照条件下才能正常生长，其光饱和点、光补偿点都较高，常见种类有蒲公英、蓟、杨、柳、桦、槐、松、杉和栓皮栎等。"

　　"阴性植物对光的需求远低于阳性植物，光饱和点和光补偿点都较低，其光合速率和呼吸速率都比较低，多生长在潮湿背阴的地方或密林内，常见种类有山酢浆草、连钱草、铁杉、云冷杉等。很多药用植物如人参、三七、半夏和细辛等也属于阴性植物。"

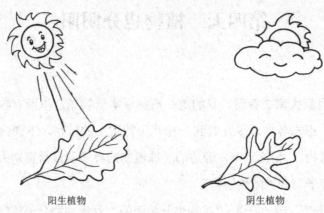

阳生植物　　　　　　　　　　阴生植物

植物阴阳形态

"至于中性植物，它们对光照具有较强的适应能力，在光强很大时可生存，在光弱条件下也能进行光合作用，但最适合在完全的光照下生长。"

乔乔说："我养了一株水仙花，平时都是放在阳光充足的阳台上，水仙花的叶子鲜绿滴翠，叶片也宽厚、挺拔，花香扑鼻。有段时间台风来袭，我把它搬进室内，结果，叶子没精神地耷拉下来，叶色也变得枯黄，花儿凋谢后都没有新的花朵绽放了。这么看来水仙花也是阳生植物呀。"

光子精灵点点头："是呀，水仙花喜欢阳光充足的环境，能耐半阴。光对植物的形态建成和生殖器官的发育影响很大，叶绿素必须在一定光强条件下才能形成，许多其他器官的形成也有赖于一定的光强。同种植物在全光下和庇荫下生长，其形态特征都大不相同哦。如果植物的光合器官长期处于黑暗条件下，会出现极端的'黄化现象'。黄化是植物在暗处生长时所产生的特殊形态，在黑暗中生长的植物，其节间特别长，叶子不发达，侧枝和侧叶不发育，植物体中的水分含量很高，细胞壁很薄，薄壁组织很发达，细胞间隙小，等等。水仙花叶色发黄、叶子疲软就是因光照不足出现的黄化现象。"

"在植物完成花芽分化的基础上，光照时间越长，强度越大，形成的有机物越多，越有利于花的发育。适当的光强还有利于果实的成熟，对果实的品质也有良好作用。黑暗中生长的豆芽，其叶绿体的发育和叶绿素的形成均受阻碍，所以茎叶呈淡黄色，叶子不能展开或卷缩皱褶，机械组织和纤维素壁发育受影响，茎秆细长而柔弱。"

光子小札

　　黄化是植物由于受光不足而不能形成叶绿素的现象。光是影响叶绿素形成的主要因素，在黑暗中，植物体内虽然没有叶绿素，但能形成胡萝卜素和叶黄素，所以呈现黄色或黄白色，黄化现象的名称由此得来。

　　光合作用将随着光照强度的增加而增加，直至达到最大值。在一定范围内，光合作用效率与光强成正比，达到一定强度后实现饱和，再增加光强，光合效率也不会提高，这时的光强称为光饱和点。光合作用合成的有机物刚好与呼吸作用的消耗相等时的光照强度称为光补偿点。在此处的光照强度是植物开始生长和进行净生产所需要的最小光照强度。

　　星儿："原来多姿多彩的植物背后竟然是光子在操控，它的能量真是不可小看呀！"

　　光子精灵说："动物的生长活动也离不开光子呢，明天我们一起去了解一下吧！"

第五天　"夜猫子"动物

　　之前有一次星儿和光子精灵打赌，光子精灵说只要星儿期中考试考到全班前五名，暑假就带他出去玩。星儿奋发图强，努力学习，果然在期中考试中取得了好成绩。这天，光子精灵如约带星儿和大家首先来到了动物园，这里面可真是应有尽有：威风凛凛的狮子，笨拙贪吃的灰熊，憨态可掬的

大熊猫，孤独高傲的狼，蹦来跳去的猴子……大家虽然以前也来过动物园，但是从来是走马观花式地随便看看，不过这次大家知道一定会有许多以前不知道的惊喜等着他们。所以他们都注视着光子精灵，等着她说话。

光子精灵开口说："动物的生命活动与光子的作用息息相关，很多动物的活动都与光照强度有着密切的关系。有些动物适应于在白天的强光下活动，如大多数鸟类，哺乳动物中的灵长类、有蹄类，松鼠、旱獭和黄鼠，爬行动物中的蜥蜴，以及昆虫中的蝶类、蝇类和虻类等，这些动物被称为昼行性动物。"

"另一些动物则适应于在夜晚或晨昏的弱光下活动，如夜猴、蝙蝠、家鼠、夜鹰、壁虎和蛾类等，这些动物被称为夜行性动物或晨昏性动物。因其只适应于在狭小的光照范围内活动，所以又被称为狭光性物种，也就是我们常说的'夜猫子'。"

"昼行性动物所能耐受的光照范围较广，故又被称为广光性种类。还有一些动物既能适应弱光也能适应强光，它们白天黑夜都能活动，常不分昼夜地表现出活动与休息的不断交替，比如，很多种类的田鼠，它们也属于广光性种类。"

星儿："我肯定是适于在白天活动的类型，晚上我可要睡一个饱饱的觉呢。"

听到星儿的话，大家都哈哈大笑。

光子精灵说："在自然条件下，动物每天开始活动的时间通常也是由光照强度决定的。当光照强度上升到一定水平（昼行性动物）或下降到一定水平（夜行性动物）时，它们才开始一天的活动，因此这些动物将随着每天日出日落时间的季节性变化而改变其开始活动的时间。例如，夜行性的美洲飞鼠，冬季每天开始活动的时间大约是 16 时半，而夏季每天开始活动的时间将推迟到大约 19 时半。昼行性的鸟类每天开始活动的时间也是随季节而变化的，例如，麻雀在上海郊区（晴天）每天开始鸣啭的时间 3 月 15

松鼠白天活动，此时蝙蝠在睡觉

日为 5 时 45 分左右，6 月 15 日为 4 时 20 分左右，9 月 15 日为 5 时 18 分左右，12 月 15 日为 6 时 20 分左右。这说明光照强度与动物的活动有着直接关系。光照强度也影响动物的生长发育，例如，蛙卵在有光环境下孵化和发育快，而海洋深处的浮游生物在黑暗中生长较快。"

"而且，光照对于我们人类的生长发育和身心健康都有举足轻重的作用。在生长发育期，我们常常被要求多晒太阳，这是因为晒太阳能够帮助人体获得维生素 D，这也是人体维生素 D 的主要来源。人体皮肤中所含的维生素 D 在紫外线的照射下转换成活性维生素 D。活性维生素 D 又叫'阳光维生素'，它可以帮助人体摄取和吸收钙、磷，使小朋友的骨骼长得健壮结实；对婴儿软骨病、佝偻病有预防作用，对大人则有防止骨质疏松、类风湿性关节炎等功效。日光还能调解人体生命节律及心理状态，晒太阳能够促进人体的血液循环、增强人体新陈代谢的能力、调节中枢神经，从而使人体感到舒展和舒适。所以你们要多晒太阳才能健康成长哦！"光子精

松鼠进入梦乡，蝙蝠开始活动

灵笑嘻嘻地说。

阿力说："那我从明天开始每天都坐在太阳下面，满满晒一天。"

光子精灵笑道："也不能这样哦，因为阳光中的光线并不是对人体都有好处的。红外线可对人体造成高温伤害；紫外线对人体的伤害主要是眼角膜和皮肤。适当和适度地接受紫外线照射，可使机体皮下脂肪中的一种胆固醇转化成对身体有益的维生素 D，但是过度照射则可能损害人体的免疫系统，导致多种皮肤损害。所以每天在太阳不是很强烈的时候晒两到三个小时，才是最合适的。"

"好啦，吸收了阳光你们也要好好休息才能长身体呢，我们明天见吧！"光子精灵笑着消失在星空中。

第六天　花无百日红

日本，北海道，三四月是樱花盛开的季节，这个时节，到处都有樱花飘落，让人好像身处于梦幻的童话世界中，大家都迷失在这美丽又略显悲伤的意境里。随着樱花漫天飘零，大家仿佛体会到了这片贫瘠而多灾的土地上特有的凋零时的美丽。

光子精灵轻轻地说:"如果错过花期,只能等待来年才能欣赏这美景了,这种以年为单位的循环现象与光子有关。光子活动的时间长短也是影响生物的一个因素。地球的公转与自转,带来了地球上日照长短的周期性变化。动植物长期生活在具有一定昼夜变化格局的环境中,形成了各类生物所特有的对日照长度变化的反应方式,这就是在生物中普遍存在的光周期现象,例如,植物在一定光照条件下的开花、落叶和休眠,以及动物的迁移、生殖、冬眠、筑巢和换毛换羽等。"

星儿:"花儿每年都会开了又谢,谢了又开,就好像在进行周期性的循环,很有规律。"

光子精灵:"不仅如此,植物对一天24小时周期内光照和黑暗时间的相对长度也有严格的要求。根据对日照长度的反应类型可把植物分为长日照植物、短日照植物、中日照植物和日中性植物。"

"短日照植物大多数原产地是日照时间短的热带、亚热带;长日照植物大多数原产于温带和寒带,在生长发育旺盛的夏季,一昼夜中光照时间长。如果把长日照植物栽培在热带,由于光照不足,就不会开花。同样,短日照植物栽培在温带和寒带也会因光照时间过长而不开花。这对植物的引种、育种工作也有极为重要的意义。"

光子小札

长日照植物是指在日照时间超过一定数值(一般为14小时以上)才能开花的植物,如牛蒡、紫菀、牡丹、天仙子、凤仙花、除虫菊、冬小麦、大麦、油菜、菠菜、甜菜、甘蓝和萝卜等。短日照植物是日照时间短于一定数值(一般为14小时以上的黑暗)才能开花的植物,如牵牛、苍耳和菊类,作物中则有水稻、玉米、大豆、烟草、麻、棉等。中日照植物的开花要求昼夜长短比例接近相等(12小时左右),如甘蔗、黄瓜、番茄、番薯、四季豆和蒲公英等。这类植物称为日中性植物。

　　"光周期还能影响植物的形态，翠菊在长日照下节间伸长，在短日照下呈莲座状生长。日照长度还影响植物的性别分化，大麻在短日照下是雌雄异株，但在长日照下雌雄株无别。同样，日照长短对地下块茎的形成有显著作用，大丽菊和秋海棠在短日照条件下可形成块茎，但洋葱的地下鳞茎只在长日照条件下形成。"

　　"根据植物开花对光照时间的不同要求，在园艺工作中园艺工人也常利用光周期现象人为地控制开花时间，以便满足人们的观赏需要。例如，菊花一般要到中秋节前后才开花，假如要它们在上半年长日照条件下开花，只要进行遮光处理，把每天的光照时间限制在8～9小时就可以了。当然不同品种的菊花要求短日照处理的次数不同，最少的品种只要9次，多的要几个星期。假如我们希望春夏开花的长日照植物在秋天短日照条件下开花，可以用人工光照延长每天的光照时间便能达到。"

　　"昙花亭亭玉立，美丽高洁。可昙花晚上开花，稍不注意，昙花一现的情景很容易就错过。而现在，花卉园艺学家采用'偷天换日''颠倒昼夜'的科学办法可以使人们白天就能看到这一美景：在昙花花蕾长到10厘米时，每天上午7点钟把整株昙花搬进暗室里，造成无光亮的环境。到晚上8～9点钟，用100～200瓦的电灯进行人工照射，这样处理7～10天后，昙花就能在白天即上午7～9点开放了，并能从上午一直开放到下午5点钟，才完全闭合。"

"昙花一现"在白天

"那么动物有什么光

周期活动呢？"量子似乎意犹未尽。

"今天讲的很多啦，明天我们接着聊！"光子精灵笑着和大家告别。

第七天 迁徙的候鸟

光子精灵把大家传送到一个无人的海岛上，岛很小，四面临海，海浪不断地拍打着岸边的礁石，发出哗哗的声音，伴着鸟的鸣叫声，给人一种安逸祥和的感觉。这里有各种各样的鸟类，大的、小的、灰的、白的，色彩绚丽的金刚鹦鹉，憨态可掬的犀鸟，粉红纤细的火烈鸟，身形巨大的信天翁……

星儿："光子精灵，这些鸟儿真漂亮！"

量子："这些鸟儿每天都在这里吗？那我们是不是可以经常来这里看它们？"

光子精灵："每年也只有这个时候，这里才有会有这么多鸟儿聚集。你们知道为什么鸟儿要每年迁徙，飞来飞去吗？"

星儿说："动物也有类似的光周期。在脊椎动物中，鸟类的光周期现象最为明显。人们以前以为，鸟类的迁徙活动是受温度影响的：秋凉渐至，北雁南飞，春回大地，候鸟北归。但事实上，鸟类在不同年份迁离某地和到达某地的时间都不会相差几日，如此严格的迁飞节律是任何其他因素（如气候、温度的变化、食物的缺乏等）都不能解释的，因为这些因素各年相差很大。所以只能是由日照时长决定的：当日照时间达到一定长度以上或以下之后，会触发鸟类体内的某种反应机制，诱发其迁徙行为。"

量子问："是不是因为光照时长的改变影响了鸟类体内的生物钟，生物

钟指挥了鸟类的活动？"

　　光子精灵回答说："科学家多年的研究发现，各种鸟类每年开始生殖的时间也是由日照长度的变化决定的。温带鸟类的生殖腺一般在冬季时最小，处于非生殖状态。随着春季的到来，日照时间逐日变长，促使鸟类生殖腺开始发育。随着日照长度的增加，生殖腺的发育越来越快，激发出鸟类向北迁飞的本能。生殖腺直到产卵时才达到最大。生殖期过后，生殖腺便开始萎缩，于是又促使鸟类迁回南方，直到来年春季生殖腺才再次发育。在鸟类生殖期间人为改变光周期可以控制鸟类的产卵量，人类采取在夜晚给予人工光照提高母鸡产蛋量的历史已有200多年了。"

　　果儿："原来北雁南飞的原因是这样的，我还以为它们真是去南方过冬了呢。我们的祖先真是聪明，早在200多年前就知道利用人工光照提高产蛋量了，只是他们大概不知道是光子的作用吧。"

　　光子精灵说："很多野生哺乳动物（特别是生活在高纬度地区的种类）都是随着春天日照长度的逐渐增加而开始生殖的，如雪貂、野兔和刺猬等，这些种类可称为长日照兽类。还有一些哺乳动物总是随着秋天短日照的到来而进入生殖期，如绵羊、山羊和鹿，这些种类属于短日照兽类。它们在秋季交配刚好能使它们的幼仔在春天条件最有利时出生。随着日照长度的逐渐增加，它们的生殖活动也渐趋终止。"

　　"怪不得很多家禽在冬天就停止产蛋了呢，原来是这样！"量子终于知道奶奶养的母鸡冬天不下蛋的原因了。

　　光子精灵："还有一种兔子，名叫雪兔，它的毛色纯白如雪。只要一下雪它就会换上白色的毛。雪兔与白茫茫的雪融为一片，在冰天雪地里很难发现它。"

　　阿诺："是吗，这么神奇呀！难道它为了过冬还要换新衣服啊？"

　　光子精灵："哈哈，这也是雪兔的神奇之处呀。雪兔的毛色冬夏差异很大。冬毛长而密，通体白色，仅耳尖和眼周为黑褐色。夏毛较短，背部黄褐色，额部黄褐色比背部更显著，眼周白色圈狭窄，腹部白色。其实雪兔换白毛也完全是对秋季日照长度逐渐缩短的一种生理反应，与温度的改变和有无降雪完全无关，而是日照长度的变化对哺乳动物的生殖和换毛存在的明显的影响。"

　　光子精灵："还有呢，鱼类也常表现出光周期现象，特别是那些生活在光照充足的表层水的鱼类，它们的生殖和迁移活动也与光有着密切的关系，如果人为延长光照时间，可以提高鲑鱼的生殖能力，增加产量和品质。"

　　"日照长度的变化通过影响内分泌系统也影响着鱼类的洄游。例如，光周期决定着三刺鱼体内激素的变化，激素的变化又影响着三刺鱼对水体含盐量的选择，后者则是促使三刺鱼春季从海洋迁入淡水和秋季从淡水迁回海洋的直接原因。归根到底，三刺鱼的迁移活动还是由日照长度的变化引起的。"

　　"昆虫的冬眠和滞育主要与光周期的变化有关。秋季的短日照是诱发马铃薯甲虫在土壤中冬眠的主要因素，而玉米螟（老熟幼虫）和梨剑纹夜蛾（蛹）的滞育率则取决于每日的日照时数，同时与温度有一定关系。很多昆虫的代谢也受日照长度的影响，一些昆虫依据光周期信号总是在白天羽化，另一些昆虫则在夜晚羽化。"

　　阿力："什么是羽化呀？"

　　光子精灵："这个问题非常及时，很多昆虫都是从蛹经过蜕皮变化为成虫的。身体组织要经过复杂的变化，一般都会长出翅膀，所以叫羽化。"

　　星儿："我知道蝉是在夜间羽化的。"

日照时间变短，我要换衣服了

雪兔换白毛，只与日照长度有关

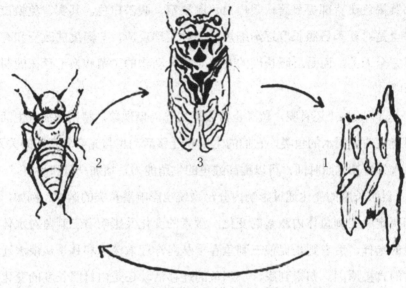

1. 卵（卵块）；2. 若虫；3. 成虫

叶蝉的一生

　　光子精灵："嗯，不错。在自然界中大部分的昆虫是在夜间羽化的，一方面是光照长度影响昆虫代谢，另一方面是昆虫在羽化时防御能力很弱，而夜晚隐蔽性高，这也是昆虫对光的一种适应。蝉的幼虫在将要羽化时，于黄昏及夜间钻出土表，爬到树上，然后抓紧树皮，蜕皮羽化，完成羽化需2小时左右。"

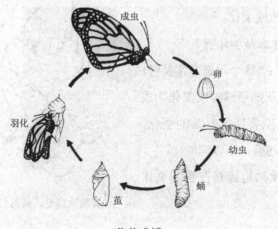

化茧成蝶

　　果儿问："这和蛹化为蝶一样吗？"

　　光子精灵："蛹化为蝶也是羽化过程，但是家蚕化茧成蝶属于完全变态，幼虫的形态结构和生理功能与成虫的显著不同。苍蝇、蜜蜂也属于这种变化。而蝉则是不完全变态，幼虫和成虫在形态结构和生理功能上差别不大。蟑螂、蝗虫也是不完全变态。"

　　天色渐暗，光子精灵说："今天我们要回去了，明天我们将去另一个精彩的地方 —— 海洋馆。"

　　虽然意犹未尽，但是光子精灵的魔棒一挥，大家便各自回家了。

第八天　五彩斑斓的海底

　　海洋馆像一个水晶世界，大家看到了很多从没见过的热带鱼、美丽的珊瑚礁，还有很多奇异形状的海底生物。在阳光的照耀下，海水显得湛蓝剔透，各色的鱼儿游来游去，与斑斓的珊瑚交相辉映，悠闲的海龟慢慢划水，恐怖的鲨鱼瞪着大眼睛四处游弋，还有些叫不上名字的小鱼成群结队地在珊瑚中钻来钻去。

　　乔乔说："光子精灵，海底世界可真漂亮啊，这些热带鱼为什么这么漂亮呢？"

　　光子精灵："这点我会在下面慢慢解释。阳光剧烈影响着海洋中植物的垂直分布，海洋中的生物也都有自己独特的生命活动适应机能。在海洋表层的透光带内，光子资源丰富，植物的光合作用量大于呼吸量，海洋植物可以生长得很好。在透光带的下部，存在植物的光合作用量刚好与植物的呼吸消耗相平衡的光补偿点。如果海洋中的浮游藻类沉降到补偿点以

下 —— 光合作用量不能满足呼吸量，这些藻类便会死亡。"

"由于植物需要阳光，所以，扎根海底的巨型藻类通常出现在大陆沿岸附近。这里的海水深度一般不会超过 100 米。生活在开阔大洋和沿岸透光带中的主要是单细胞的浮游植物和以浮游植物为食的小型浮游动物。虽然海洋植物的生长受光的影响很大，但是动物的分布并不局限在水体的上层，在几千米以下的深海中也生活着各种各样的动物，这些动物靠海洋表层生物死亡后沉降下来的残体为生。"

"那这个补偿点一般在什么位置呢？"量子忍不住插嘴到。

光子精灵回答："水的反射作用很强，光在水中的穿透性受到限制。在特别清澈的海水和湖水，特别是在热带海洋中，补偿点可以深达几百米。在浮游植物密度很大的水体或含有大量泥沙颗粒的水体中，透光带可能只限于水面以下 1 米处，而在一些受到污染的河流中，水面以下几厘米处就很难有光线透入了。"

"不同光子穿透水体的能力也不同。红光只能透入海水的表层，其次是橙黄色的光，绿光、蓝光、紫色光能透入得更深一些。植物的光合作用色素对光谱的这种变化也具有明显的适应性。那你们知道绿藻、蓝藻、褐藻和红藻各生活在海水的哪一层吗？"

星儿："我在海边常常见到绿藻，它应该生活在表层吧？"

光子精灵："是的，绿藻种类繁多，常常附着在淡水中的岩石和木头上，死水表面也有漂浮，还有一些生活在土壤或海水中。绿藻吸收红光，反射绿光，所以它生活在海水最表层，海白菜也生活在表层，它们所含有的色素与陆生植物所含有的色素很相似，主要是吸收蓝光、红光；蓝藻吸收橙黄色的光，生活在较深的地方；褐藻吸收黄绿色的光，生活在更深一些的地方；红藻和紫菜吸收绿光，反射红光，生活在海水最深层，它们体内另有一些色素能使其在光合作用中较有效地利用绿光。"

星儿："那红藻中有叶绿素吗？如果没有的话它在海水深处怎样进行光

合作用呢？"

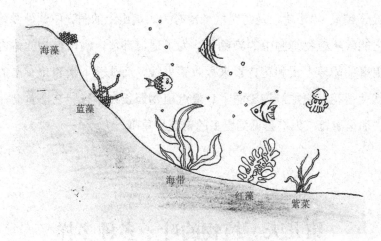

海洋中的藻类分布

光子精灵："植物体呈现红色并不能说明其体内不含有叶绿素，只是叶绿素的含量相对少一些。一般离海水表面越近的植物，叶绿素的含量越多，越是深海里的植物，叶绿素含量越少。红藻含有叶绿素 a、叶绿素 d、叶黄素和胡萝卜素，还含有大量藻红蛋白和藻蓝蛋白，因为各类色素的含量比例不同而呈现鲜红、粉红、紫红等颜色。所以红藻也含有叶绿素，只是比绿藻少得多。"

星儿："原来光子穿透不同水体的能力是不同的呀，怪不得海藻并不长在同一层水体中。"

光子精灵说："是的。生活在水下的鱼类，为了隐藏自己，体色很接近植物的颜色；深海中的鱼类，尤其是热带海洋中的鱼类，颜色都非常艳丽。所以海底世界总是让人非常向往。"

"真漂亮啊！"大家一边听着光子精灵的讲解，一边在海洋馆中穿行，欢喜不已。量子问道："光子精灵，我曾经去过雪山，发现高山上的花朵颜色也特别鲜艳，这又是什么原因呢？"

星儿自告奋勇地说："是不是因为高山上空气稀薄，所以接收到的

阳光就比较多呢？"

　　光子精灵："不错，是与空气稀薄有关。高山上的阳光中紫外线特别强烈，它能破坏植物细胞中的染色体。为了适应环境，高山植物的体内就产生了更多的胡萝卜素和花青素来吸收紫外线，而胡萝卜素和花青素的大量增加就使得花朵更加鲜艳美丽了！最近植物园正在举行园艺博览会，明天我们去那里游览，你们会见到更多的奇花异草哦！"

第九天　植物的叶子多种多样

　　光子精灵和同学们来到植物园，这里与雨林的茂密截然不同，一切看起来都是那么井然有序。穿过精心修剪的绿色拱门，一条小路不知要将大家领向何处。身旁及腰的低矮绿墙看起来十分舒服，两边还有修剪成各种造型的植物，有绿色的大象栩栩如生，有垂钓的老翁怡然自得，还有修剪成像蘑菇形状的树看起来十分可爱。

　　在大家都看得津津有味的时候，星儿却不见了。星儿除了看这些有趣的园艺作品之外，总能发现一些有趣而又有用的东西。

　　星儿："你们看，叶片形状也是多种多样的，那些树上的叶子有圆形、椭圆形，扇形的银杏叶、五角的枫叶，美人蕉的叶片像玉米叶片一样粗大，韭菜的叶片细长，多肉与花科的植物叶片小巧厚实。"

　　光子精灵："不错，星儿看到了这些叶子的不同，那么是什么原因使它们有这么大的区别呢？环境在各方面影响着植物的分布和形态等，植物为了更好地适应环境，其结构和功能也发生了适应性变化，其中叶子的形态就是显著的例子。"

星儿："那也就是说植物长着千奇百怪、色彩奇特的叶子，不光是为了好看啊？"

"当然了，一定的环境造就一定的结构形态。你们听说过雪莲花吗？"光子精灵问大家。

果儿说："武侠小说里面常常讲雪莲花是千古奇花，有起死回生的功效，晶莹剔透，非常漂亮！"

各种各样的叶子

光子精灵快步前行："前面就是雪莲花馆了，我们一起去瞧瞧雪莲花吧！"大家簇拥着走进展馆，找寻雪莲花的身影。

量子率先发现，他问："就是这种花吗？也不是那么漂亮啊！表面怎么还是毛茸茸的？"大家围了上来。

"是不是觉得有点失望？所以我们要实地勘察才能知道事物的真相！在干旱的环境中，光线的照射强烈，水分不充足，所以这些地方的植物大多叶片面积小，叶子的表面增生很多表皮毛或白色蜡质以减少水分的蒸发，增加对阳光的反射。"

"高山寒冻环境下，空气稀薄，阳光强烈，常年低温积雪。雪莲生于雪山上，长在石缝中，为了适应这样的环境条件，它生长出了紧贴地面的叶子，其上还有絮状表皮毛，这样来减少高山寒风的侵袭，并充分吸收地面的热量。雪莲顽强地生活在寒冷之地，是世界上最耐严寒的花。雪莲花虽然不怎么漂亮，但是药用价值极高。"

"而热带植物的叶子面积大而光滑，多呈盾形或椭圆形，既能蒸发水分带走多余热量，又能反射太阳光而不至于被灼伤。水生植物体内有储藏空

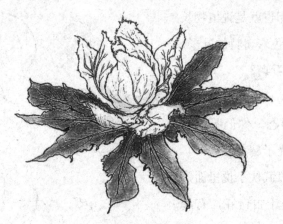

高山雪莲

气的通气道,叶子多呈丝裂状,增加了光的照射面,使光合作用的强度增大。松树的叶子呈现针状,众多针形叶既减少了水分的蒸发又增强了光合作用。其实,在众多影响植物叶子形态的要素中,太阳光是最主要的,因为没有光植物就不能维持生命。"

一天又结束了,同学们领略到了自然的无穷魅力,体会到了植物与自然之间和谐共处的关系。

第十天　跳舞草的跳舞之谜

新的一天,大家继续在植物园穿行,量子说:"大家怎么都围在那边呢?我们也去看看吧!"

只听得展览馆音乐响起,一株半米高的植物像是刚刚苏醒一般微微颤动,叶片随着音乐伴奏上下轻轻舞动。一首优美抒情的乐曲响起,它宛如玉立的女子,舒展衫袖情意绵绵地舞动。音乐逐渐喧闹,变得杂乱无章、怪腔怪调，它停了下来，不动也不转，似乎是生气了。

大家看呆了，乔乔凑到展览说明前面，一字一句念起来："跳舞草，生长在我国南方深山之中，它树不像树、似草非草，是一种快要绝迹的珍稀植物，又叫情人草、多情草、风流草。叶柄上长出三片叶时，它就能无风自动，可供观赏，其舞姿优雅烂漫。"

同学们觉得很神奇，光子精灵解释道："这就是跳舞草了，每个叶柄的顶端有一片大叶子，大叶子后面对生两片小叶。小叶对阳光特别敏感，一旦受到阳光照射，后面的两片小叶就迎着太阳一刻不停地绕着叶柄翩翩起舞，从旭日东升一直舞蹈至晚霞遍地才疲倦地顺着枝干倒

起舞的跳舞草

垂下来休息。可是第二天太阳一出来，它就又开始跳舞。一天中阳光最烈的时候，它旋转的速度最快，一分钟能重复跳好几次。跳舞草长年不断地左右摆动、上下弹跳，时快时慢，令人百看不厌。"

星儿："太神奇了，难道植物世界也有舞蹈家吗？"

光子精灵："是呀，科学家研究发现，跳舞草起舞不仅与一定节奏、节律、强度下的声波感应和阳光有关，还受温度影响。24℃以上，且在风和日丽的晴天，它的对生小叶便会自行交叉转动、亲吻和弹跳，两叶转动幅度可达180度以上，然后又弹回原处，再重复转动，周而复始。当气温在28～34℃，尤其是在上午8～11点和下午3～6点时，或在闷热的阴天，或在雨过天晴时，纵观全株，数十双叶片时而如情人般双双缠绵，时而紧紧拥抱，时而又像蜻蜓翩翩起舞，使人眼花缭乱，给人以清新、美妙和神秘的感受。当夜幕降临时，它又将叶片竖贴于枝干，紧紧依偎着，好像静

静休息，真是植物界罕见的景象。"

星儿："科学家对跳舞草有过这么详细的观察啊！这么神奇的植物真是太能激发人的好奇心了。"

光子精灵："科学家们深入研究跳舞草起舞之谜，有的认为是植物体内微弱电流的强度与方向的变化引起的；有的认为是植物细胞的生长速度变化所致；也有人认为是生物的一种适应性，它跳舞时，可躲避一些'愚蠢'的昆虫的侵害，再就是生长在热带，两枚小叶一转，可躲避酷热，以节省体内水分。跳舞草究竟为何昼转夜停，仍存在着很多疑问，要解开这个谜还需植物学家们继续深入探索。"

星儿："植物跳舞真奇特，以后我也要来深入研究一番。如果能发现一种跳舞基因，那么就能让更多的植物舞蹈起来，到时候我们的地球就更加美妙，更加有活力了。不过我要先去找找跳舞草，利用它这种自身运行的特异功能，制成盆景放在家里观赏。"

光子精灵："嗯，小星儿真是值得表扬，对于科学总是有无限热情，希望日后你们能成为植物学家，解开跳舞草的跳舞密码。"

第十一天　盖一座车前草房子

今天，大家来到光子精灵身边，一个个都满心期待地看着她，想象着她会带他们去哪里。她挥一挥魔棒，墙上凭空出现很多造型各异的建筑。她说："你们知道这些建筑的名字吗？"

"我知道，伦敦碗、鸟巢、悉尼歌剧院、水立方，都是很著名的特色建筑呢！"阿力抢答道。

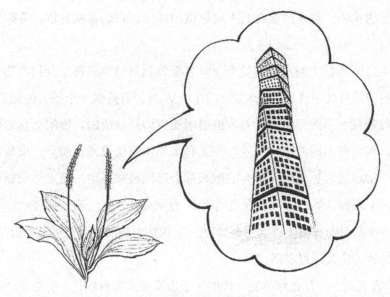

车前草和车前草阳光建筑

光子精灵说:"不错,人类的很多设计灵感都来源于自然。许多植物都具有设计天赋,它们是大自然的天然设计师。车前草是一种极为普通的小草,但是普通之中蕴藏着伟大的创造。它的叶子是按照螺旋形排列的,每两片叶子之间的夹角都是 137°,结构极为合理,整体感觉也十分和谐,这种结构也使得所有叶子都得到了充足的阳光。在日本,聪明的建筑设计师们发现了它的价值,模仿这种结构建造了一幢螺旋状排列的 13 层楼房,这种新颖建筑不仅夺人眼球,而且金灿灿的阳光四季都能照射进每一间房间。"

星儿:"哇,学习植物的建筑思维,可以改善和创造崭新的建筑结构,给人类的生活带来新的魅力。这个想法很独特啊!"

光子精灵:"为了最合理地利用阳光,植物们也是各展所能。阳光不仅给大地带来光明和温暖,为生物创造适于生存的温度条件,也为一切生物活动提供了取之不尽的能源。当生物生存的其他条件都具备的时候,各种生物为争夺阳光而进行的竞争十分激烈。前面讲过,在茂密的热带雨林,每种树木都尽量向上生长并向四周扩展枝叶,贪婪地吸收着阳光,在不同

层次上的植物，对光照都有着不同程度的适应，它们各安其位，将阳光充分利用。"

"2010 年的上海世界博览会上，各国特色展馆很多都是受到植物的启发。英国馆是其中最具代表性的例子，它从外面看好像一个硕大的蒲公英，蒲公英的每个小触须是由 6 万多根透明亚克力杆组成的。每根亚克力杆的内端，都嵌有不同的植物种子，并配有半导体照明设施。而另一顶端都带有一个细小的彩色光源，所有的触须都会随风轻微摇动，使展馆表面形成各种可变幻的色彩。白天，观众走进展馆，便犹如走进了一座"种子殿堂"——这是一个晶莹而充满生机的生命体；晚上，熠熠生辉的"蒲公英"静谧摇曳，内光外透，让人浮想联翩。"

"真美好啊，住在像植物一样的房子里真是太惬意啦！"听着光子精灵的讲述，阿力都陶醉了，大家哈哈大笑起来。光子精灵说："那你以后也可以从植物中得到启发，建造出一座植物房子！好啦，今天到这里，明天我们接着聊植物！"

第十二天　有色薄膜使作物增产

这一天，大家走得又累又渴，星儿说："前面有一片西瓜地，那里的西瓜特别好吃，就在前面不远的地方。"于是大家都打起精神，跟着星儿向瓜地进发。果然，走了不远，就看到一排排整齐的塑料大棚，在太阳的照耀下闪闪发光。

光子精灵说："这里的西瓜一定好吃！"

量子："精灵，你还没吃过怎么就知道一定好吃啦？"

光子精灵："因为看这大棚就能知道，这里的西瓜一定是又大又甜的。"

量子："为什么光子精灵只是看到大棚就能断定这里的西瓜又大又甜？难道你和星儿串通好了？"

星儿："不是的，大棚蔬菜污染较少，蔬菜产量很高，而且随时都能吃到四季的蔬菜。"

光子精灵："嗯，是的。现在人们都是用大棚来种植蔬菜，那么你们有没有注意到，大棚有绿色的吗？"

朵儿说："我只见过蓝色的和透明的，没见过有绿色的呀！"

光子精灵说："不错，人们用的大棚有色薄膜是没有绿色的，有色薄膜能改变光质进而影响作物生长，达到增产、改善品质的目的。绿光是携带能量较多的光源之一，如果薄膜是绿色的，那么自然光中的绿色光就被反射掉了，影响光合作用的进行，所以只能选择浅（蓝）色或无色薄膜。"

"实验研究表明，在浅蓝色薄膜大棚中培育的秧苗根系较粗壮，插后成活快，生长苗壮，叶色浓绿，鲜重和干重都有增加，测定的淀粉、蛋白质含量较高。这主要是因为太阳光通过有色薄膜时，被选择透过和吸收，这样薄膜内的光质因薄膜颜色不同而发生变化。例如，浅蓝色薄膜可以大量透过光合作用所需的波长为 380～490 纳米的光（透过率 60% 以上），因而有利于植物的光合作用和其他代谢过程。"

星儿："小小的一块薄膜竟也有如此神奇的作用啊！看来了解光质对生物的影响也有很重要的作用呢。"

光子精灵："是这样呢，人们利用光质、光强可以大幅增加作物产量。比如，在大棚内用日光灯照明，增加光合作用时长以增加有机物的积累；选用无滴膜（塑料大棚薄膜面没有水滴附着）可提高透光率，对提高蔬菜产量和品质都有帮助。"

浅蓝色薄膜
吸收阳光

绿色薄膜
反射阳光

薄膜的光吸收能力

"在北京通州区，人们利用现代科技建成了一座全智慧的温室大棚，果菜生产车间里，用无影玻璃——新型的减反射高散射玻璃作为温室顶部覆盖材料，充分利用光照资源；用太阳能薄膜光伏发电，将薄膜电池直接贴敷在窗户玻璃上，厚度仅为 10 毫米，弱光响应好，即使不是"大太阳"的天气，单位功率发电量依然很大，保证了温室植物光合作用有足够的光热来源；智能型喷灌机可跨不同温室进行自动转移喷灌，定位精确，喷灌到位；在花盆底部嵌入芯片，基于图像识别的盆花自动分级设备能通过多角度摄像及信息提取，然后按照一系列综合指标对盆花进行分级，并将分级信息写入花盆内嵌的 RFID 芯片内，实现自动分选定级。在这样的温室内，完全不需要人工养护，非常智能！"光子精灵说。

"这样一来，真正实现了农业全自动啊！农民伯伯终于不用'汗滴禾下土'了，真是太好了！"星儿和大家欢呼起来。

"科学技术是第一生产力啊！好了，明天我们再见吧！"光子精灵与同学们告别了。

第三章

追逐光明的动物

第十三天　透明人看不见东西

大家一起来到电影院，正好有一部电影的名字叫做《透明人》。大家对这部电影都很感兴趣。光子精灵就问了一个问题："大家觉得变成透明人，这个设想现实么？"

星儿脱口而出："当然了，电影里的透明人不是很有科学道理吗？只要按照电影的想法，就能实现他能看见别人，但别人看不见他的透明人！"

"我们是看不见透明人的，当然也看不见他的眼睛。没有眼睛，他自己是怎么看见物体的呢？"量子提出了自己的问题。

光子精灵说："其实呀，人们看不见透明人，对于透明人自己来说，他的眼睛也是无法看得到任何东西的。"

大家觉得很疑惑又很失望，乔乔问："为什么透明人的眼睛是什么也看不见的呢，哈利波特穿上隐身斗篷不还是能看到外面的世界吗？"

光子精灵："哈哈，那是科幻电影里面虚构的故事，并不是真实存在的。你们知道我们的眼睛是怎样看见物体的吗？"

"这个我爸爸跟我讲过，"量子说："这与光的反射有关。当一个物体发出的光线或反射光线进入人眼后，我们就能看见它。"

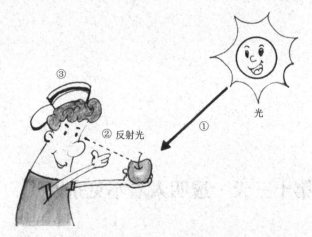

观察对象＜观察物体＞当光照射到观察对象上时，①光与对象物质相互作用的结果，一部分光被反射；②眼睛（视网膜）检测到反射光；③大脑处理电信号，察觉、认识对象

人眼是怎么看见物体的

光子精灵："是的，要看见物体，首先需要反映物体信息的光线进入人眼，而且人眼要能接收到。假如有一面非常透明的玻璃门和一面墙壁，我们能清楚地看到墙壁的存在，却经常容易撞到玻璃门，就是因为光线透过了玻璃没有反射光线进入人眼，而光照到墙面上，反射光线进入了人眼，所以眼睛能看见它。"

"如果有透明人，那么他的身体必然不能反射光线，其他人也就看不见透明人。对于透明人自己来说，来自四面八方的光线进入眼睛直接透过，视网膜上无法成像，因此也就什么也看不见。"

听了光子精灵的解释，大家觉得人眼成像的原理清晰了很多，而且也知道了透明人其实没什么好的，不像电视上那样可以随意穿行，其实他们什么也看不见。

量子有些不甘心地问道："那么人类真的没有办法隐身吗？真的造不出哈利波特那样的隐身斗篷么？"

"科学家也在为此不懈努力呢！目前设计隐身衣的核心思想是，改造材料表面折射率，让光线"转弯"绕过物体后仍按原方向传播，光线的传播

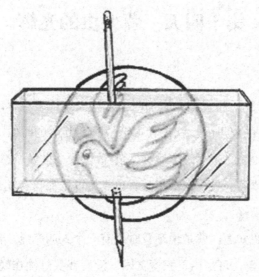

铅笔是不是隐身了呢？

方向不变,就能将物体隐藏。就像小溪里有一块石头,溪流会在石头前分流,绕过石头后再合拢了继续向前,好像没有遇到过石头一样。一些科学家根据这一思想,设计了一种可见光波段多边形隐身衣,并简化了隐身衣的各个部分的参数,让隐身衣从理论走向了实用。铅笔被放入"隐身"装置中时,铅笔中间部位"不见了",但该部位的背景图案仍然可见。不过这个技术目前还处于实验验证及测试阶段,离应用还有很长的距离。终有一天,人类实现隐身的梦想必将实现。"光子精灵信心满满地说。

光子小札

　　视网膜上有杆体细胞和椎体细胞两种视觉细胞,杆体细胞感受光的颜色,椎体细胞感受光的明暗。这两种细胞含有的视紫红质吸收光线后兴奋,进而将兴奋通过视神经传递到大脑的视觉中枢,才能看见物体。"能看得见"就意味着能吸收光,并将兴奋传递到大脑而感知物象,通过眼睛用大脑看到物体。所以如果眼睛看得见东西,眼珠一定要是深色的。

第十四天　萤火虫的光辉

　　这天晚上，光子精灵把大家都叫出来。大家都很不解，为什么探索光的秘密要在漆黑的夜里呢。就在大家都很莫名其妙的时候，点点的光辉如繁星般地升起，紫绕在大家周围，看起来很像童话世界里的情景。

　　光子精灵："萤火虫、水螅和某些鱼类可以依靠自身发光，'囊萤夜读'的故事你们知道吗？"

　　星儿说："我知道，就是说东晋时期有一个人叫车胤，他出身寒微，少小立志，好学不倦，可是由于家境贫困，没有钱买灯油在晚上读书。因此，到了晚上他只能背诵诗文。一个夏夜，他在屋外诵书，看到原野里如星星一样的萤火虫在空中飞舞。他突发奇想，萤火虫的光亮在黑夜里不正如灯火一样吗？把它们拢在一起就能够彻夜苦读了！于是他找来白绢扎成一个小口袋，并抓了几十只萤火虫放在里面，此法果然管用。正是借着这微弱的光芒和坚持不懈的苦读，车胤学识日渐长进。他勤学不辍，刻苦用功，囊萤夜读的精神激励着一代又一代的莘莘学子，鼓舞后辈，永世垂范。"

车胤囊萤下读书

　　光子精灵："嗯，是的，看来他的故事也激励了你呀！"

　　"那么萤火虫为什么能发光呢？难道它们体内有发光物质吗？"果儿问道。

　　"如果我们仔细观察，就会发现萤火虫的发光部位在腹部。

萤火虫的发光细胞中含有荧光素、荧光素酶两种发光物质。它们与 ATP 及氧气一起反应，在氧与荧光素结合时发生电子转移同时发生能量的变化，释放出荧光光子而发光。"

"荧光光子发的光是化学光，需要消耗充足的氧气和能量。萤火虫将化学能转化为光能的效率极高，每消耗一个荧光素分子就放出一个光子，转换效率几乎是百分之百。模拟萤火虫发出荧光的原理，人们制作出了能将电能转换成光能的荧光灯。但是目前最好的荧光灯的转换效率也只有 25%，所以需要进一步探究萤火虫的转换模式以制造出性能更优越的荧光灯。"

"那么自然界还有会发光的生物吗？"量子不折不挠地想要知道个彻底。

"除此之外，还有其他类型的生物发光，一些节足动物及鱼类也会进行生物发光，如海萤的发光，它在自身分开的腺体中分别合成荧光素和荧光素酶，当把两者同时喷进水里时就会在水中反应而发光，波长 460 纳米，光色为蓝色；某些腔肠动物进行敏化生物发光；过氧化氢体系的生物也会发光，如海笋属、蚯蚓属及柱头虫属，还有一些发光细菌等。洋葱根尖细胞、分裂的酵母细胞、白细胞、肝脏或脾脏的线粒体或微体等也会散发微弱的光，需要用精密测量装置才能测出。"

"要是想办法制造出靠生物能发光的装置，那么就能节省很多能源了。"乔乔从光子精灵的讲述中受到启发。

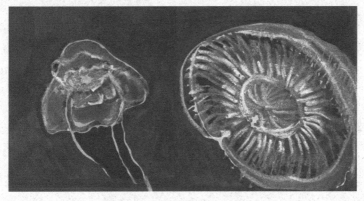

发荧光的海洋生物——水母

光子精灵说："科学家正在研究呢，也许用不了多久，这个愿望就能实现！好啦，今天就到这里吧，我们明天见！"

光子小札

人体的体表也能发光。每个人的身体都会发一种微弱的冷光——只发光不发热，肉眼看不见。科学家实验后发现，活的人体周围出现彩色的光环和光点，而当一个人死亡一段时间后，光环就消失。人体某些部位比其周围部位发出的光要强，而这些点正好与中国古代经络理论中的 741 个针灸穴位相吻合。这个发现在世界上引起了极大的轰动。但是关于它的机理目前还不清楚。

第十五天　动物的保护色

星儿正无聊地看着面前的草地，突然，他好像注意到了什么，开始对着一片草地认认真真地看。只见一只螳螂一跃而起，挥舞"镰刀"，将一只绿色的蚂蚱捉住，蚂蚱挣扎几下，就不动了。一切都发生在电光火石之间，现在那只螳螂正在享用着它的美餐。星儿看完这有趣的一幕，开始产生疑问，为什么之前自己什么也没看到，直到螳螂发动攻击的时候，他才注意到螳螂和蚂蚱的存在。于是，他带着问题，来找光子精灵。

光子精灵说："这就是动物们为了适应生存环境而进化出的保护色了。瞧，生活在北极的北极熊，全身长满白毛，在冰天雪地里捕食，能防止自己被海豹等动物发现。蟒蛇生活在森林中，身上长满云状斑块，背面有一条黄褐斑，身体两侧各有一条黄色带状纹，躺在地上像一条大树根，缠在树上像一根大树藤，一动不动的，很不容易引起小动物的注意。当猎物自动送到嘴边时，蟒蛇就会张开大口一吞而下。憩息在花朵上的蝴蝶也是一样，静止时与花朵融为一体，很难分辨。"

星儿："动物的颜色真的是千变万化啊！我还知道变色龙，它的体色会随着环境的改变而改变，就像有一把保护伞在随时保护着它。"

光子精灵侃侃而谈："是的，它就是一种蜥蜴，变色受神经激素的控制，色素的扩散或者集中引起变色，只需 20 秒。变色主要取决于光线、温度等环境因素和自身情绪等，它实际上是一种伪装武器，用来弥补自身行动迟缓的缺陷，使其得以逃脱捕食者的追捕。体色变换的另一个重要作用是能够实现变色龙之间的信息传递，便于和同伴沟通，这相当于人类的语言一样，可以表达出变色龙的意图。"

"色素存在于星形的色素细胞内，在色素细胞外环绕着肌肉纤维，因而具有一定的弹性。色素细胞收缩或放大形成不同种类色素细胞的颜色组合，从而决定了变色龙的肤色。这就是变色龙能随时随地根据需要变色的秘密。"

星儿："哇！原来它有会变形的色素细胞，真厉害啊！"

光子精灵："是呀，动物们各显神通的生活特技、惊世骇俗的防御术让人惊叹！很多动物都能随着环境、季节的改变而改变自己的体色。在非洲有一种名叫'花鸟'的鸟类，它的羽毛十分鲜艳且善变。当遇见正在觅食的老鹰时，花鸟就落到枝头上变成一朵'花'，头形似花蕊，张开翅膀后就像五瓣色彩艳丽的花瓣，连目光十分锐利的老鹰也被它骗过去了。而某些愚蠢的小昆虫就会在这朵'花'的引诱下前来采蜜。在古巴的热带森林里，常常能见到枝头闪耀着太阳光的七彩色泽，那是一种成群栖息在枝头的彩色蜗牛，它的外壳能反射出斑斓的颜色，远远望去像是一簇簇美丽的花朵。而当它们从一棵树爬到另一棵树的时候，华丽的外衣竟然会改变颜色，有些像瑰丽的红宝石，有些像剔透的翡翠一样闪闪发亮，装扮了幽静的森林。"

善于隐藏的花鸟

阿诺说："看来动物们使用的都是高科技呢，人类可要好好学习了。"

光子精灵："受到动物变色的启示，人类研制出能变色的服饰。腈纶线能见光变色，用它织成的衣物，穿在身上就能随着光源变化而转变色彩。在自然光下呈现咖啡色，强太阳光下为深褐色，白炽灯下变得鲜红，荧光照射后变为橙黄色。科学家正在研制的光色性染料，能使合成织物'染上'周围环境的颜色，当你穿上这种变色的纤维服饰去草坪上时，就会与草坪融为一片翠绿，看上去像是隐身了。而当你走在红地毯上时，周身也是鲜红一片，鲜艳夺目。当你在雪地上溜冰时，也仿佛是银装素裹。变色服装除具有保暖、舒适、美观、大方的功效外，还能起到一定的保护作用。"

星儿："对了，我看到一篇报道，美国研制出一种能随着视角改变色彩的油漆。将这种极其细微的透明薄油漆喷在汽车的黑底色上，就能产生一种类似棱镜的折射效果，让人感觉有各种不同的颜色。当这种汽车在公路上行驶，出现在你后面时，它看上去是紫色的；当它靠近你时，它是红色的；当它超过你的车身时，变成黑色；当它在你前面行驶时，又是绿色；而当它渐渐远离你时，你又看见它变为黄褐色的了。"

光子精灵："星儿了解的可真多呀！变色还有一个重要的应用，那就是军队的林地迷彩作战服。为了确保伪装更难被对方发现，要认真选择印染所用的染料或涂料。"

"用热敏和光敏染料的服装能随环境而改变颜色，在昼夜具有不同的效果，也会随着敏感地域的变化而变化；电化学染料也能实现迷彩服的变色效果，用微型分光光度计从周围环境和地貌中搜集信息，然后通过计算机的'原色'效果处理，输出适当的电信号，再将这种电信号转换为特定的颜色系统，对应颜色的光谱图就会不断呈现于迷彩服上；基于活性蛋白质生物技术，动态光学迷彩（DVC）色光转换器通过与导电高分子连接的可见光探测器来获得电信号，然后进行色光转变，它能使同一件迷彩服在不同的环境背景颜色中转变，使士兵在从一个地貌转移到另一个地貌时，迅速与周围环境相匹配。"

星儿："原来还可以通过这种方法实现隐形啊！"

光子精灵："是啊，虽然我们做不了透明人，但是我们可以成为适应环境的'变色人'。好啦，明天我们接着领略动物的生存绝技吧！"

第十六天　动物眼睛的特异功能

这天，有个小朋友带着一只可爱的小白兔在玩耍，大家都凑上去，那

只小白兔就像一个洁白的毛球在地上滚来滚去，十分惹人疼爱。但是，它好像不是很怕人，谁都可以去摸摸它。光子精灵问道："像这样的小白兔，已经被人驯化，变得和人很亲密了。但是野生的兔子，你们抓过吗？"

果儿说："我抓过，可那狡猾的兔子在我还没靠近它的时候就撒腿跑远了，好像它脑后也有只眼睛似的，能看见身后的我。"

光子精灵："哈哈，这就是动物眼睛的妙处了，今天我们就来了解它的神奇魅力。"

"动物眼睛的形状和机能适应于它生存的环境，以及觅食和保护自己的方式。例如，猫头鹰等肉食性动物需要测定猎物的距离，两眼位于脸的前面，眼球能灵活转动，方便进行立体观察。猫头鹰的眼睛非常大，那是为了在夜晚识别猎物。它的视网膜上的圆锥细胞比其他动物多很多，这种细胞只要很弱的光线就能工作，因此它在非常暗淡的光线下也能看清物体。但是猫头鹰的视域狭小，只能看到前方的物体，依靠头部左右 180 度转动来捕食。而像兔子、鹿一类有必要迅速甩掉来袭之敌而脱离险境的动物来说，眼睛位于脸的侧面，视野开阔，即使敌人从背后袭来也能不转动头部就快速发现而逃离。"

"老鹰的视力被公认为是最好的，我们常会形容一个人的眼睛如鹰一样锐利，鹰不仅视力极好，视野宽阔，在 2000 米的高处都能看清地面上的小动物，而且其中的视细胞分辨率极高，是人眼的 8 倍多。有一些鸟类的聚光系统很特殊，能同时注视两个方向；而另一些鸟类的眼睛中锥形细胞含有一种能吸收蓝色光线的色油，能大大加强远距离形体的视力效果。这种色油还能使鸟的色视力转向红色，这就是为什么鸟总是喜欢飞向红色花朵和果实的原因。你们还了解哪些特异的动物眼睛呢？"

星儿："我知道蜻蜓有两只大的复眼，复眼有多达 2 万只小眼睛，而每只小眼睛都能独立成像。苍蝇总是在人们拍打到它之前就逃之夭夭，也是因为它神奇的复眼。"

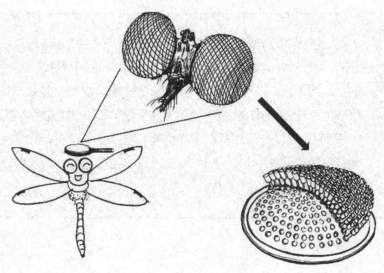

蜻蜓的复眼与复眼透镜

光子精灵说："人类模仿蜻蜓和苍蝇的复眼光学系统的结构和功能特点，将许多块具有特定性质的光学小透镜有规则地紧密排列在一起制成复眼透镜，改用这种透镜做照相机的镜头，一次就能照出上千张相同的照片。"

量子说："我到河边钓鱼的时候，总是还没走近看个仔细，水里的鱼儿就转身游走了，是因为它的视力特别好吗？"

光子精灵："鱼儿的视力其实不好，它只能看见近处的物体，但是在所有动物中，鱼眼的视角最大，大约180度，这是人眼无法达到的。人们模仿鱼眼，制成了一种超广角'鱼眼镜头'，用这种镜头做成的相机能把整个空间的物象尽收眼底，不仅拍摄范围很大，而且图像的清晰度很高，只是这时的图像变成了圆形。鱼眼相机在军事上应用很广泛，军事侦察时，用它可以拍摄敌方大范围的地形、阵地组成和兵力部署等，进行军事测绘时，可以减少拍摄次数，迅速获得大面积地貌的照片。

星儿："原来我们人类向动物们学习了这么多啊，真是不简单！"

光子精灵："是呀，还有更多的秘密等着人类去发现呢！动物的智慧神奇又高超，用心去观察就能有所收获的。明天见。"

光子小札

　　大多数脊椎动物的可见光波范围与人接近，但昆虫则偏于短波光，一般为 250～700 纳米，它们看不见红外线，却看得见紫外线。而且许多昆虫对紫外线有趋光性，这种趋光现象已被用来诱杀农业害虫。光质对于动物的分布和器官功能的影响目前还不十分清楚，但色觉的敏感度在不同动物类群有不同的表现。在节肢动物、鱼类、鸟类和哺乳动物中，有些种类色觉很发达，另一些种类则完全没有色觉。在哺乳动物中，只有灵长类动物才具有发达的色觉。

第十七天　蝴蝶的艺术世界

　　这一天，星儿正在看动画片，里面的蝴蝶漫天飞舞，仿佛一条彩带在天空中萦绕。配上优美的音乐，简直美不胜收。星儿不禁感叹道："要是真有这么美丽的地方该有多好啊！"

　　光子精灵说："这样的地方还真有，每年的八九月份，数以千百万只的彩蝶从加拿大南部和美国北部结对迁徙，飞越两千多千米，来到墨西哥的云杉林过冬。彩蝶的盛大聚会甚为壮观，堪称是一大自然奇观，每年都吸引着世界各地大量的观光客去游赏。"

　　星儿："我听说过云南的蝴蝶泉，每年三四月也会有成千上万只蝴蝶从四面八方飞来相聚，在泉边漫天飞舞争妍斗奇，非常壮观。许多蝴蝶钩足连须、首尾相衔悬挂在大合欢树上，一直垂到清澈如镜的水面上，五彩斑斓，蔚为壮观。"

　　果儿问道："蝴蝶为什么这么漂亮呢？虽然蜻蜓和蜜蜂等昆虫也有翅膀，但是它们的色彩远不及蝴蝶那么夺目。尤其是在阳光下，经常可以看见蝴蝶振翅的时候，好像有一圈光晕围绕在它们周围，蝴蝶的翅膀好像是在一闪一闪地发光，比钻石还闪亮呢！"

光子精灵："美丽的蝴蝶属于鳞翅目昆虫，它们的翅膀上都有大量鳞片。用手捉蝴蝶时，手上会粘一些'粉末'，这些'粉末'其实就是各种形状的鳞片，鳞片极为细小而且形状各异。蝴蝶之所以多姿多彩、美艳绝伦，就是因为这些纵横交错、紧密排列的粉末状鳞片！"

量子问道："难道这些鳞片有什么特殊结构吗？"

光子精灵回答道："不错，这些鳞片包含一系列重复的结构，叫做螺旋曲面。当光线照到翅膀上像棱镜的微小结构时，就产生折射、反射和衍射[1]等物理现象，从而产生翅膀的颜色。科学家发现，蝴蝶翅膀上的鳞片能够充当天然的太阳能收集器，以极高的效率吸收阳光。从这个结构受到启发，人们制作出全新的高光采集效率的太阳能电池。"

"有时蝴蝶翅膀看起来是晶莹剔透的，这是因为蝴蝶翅膀的微小鳞片上面覆盖着透明的膜。随着蝴蝶拍打翅膀，阳光在穿过翅膀时发生折射，不同波长的光折射率不同，所以翅膀看起来呈透明状。科学家从此获得灵感，制作出一种取代手机、平板电脑和电子阅读器等设备所采用的电子墨水的理想替代品——Mirasol 低电压显示屏，这种显示屏采用两个玻璃面板和微型镜子，能够将颜色反射到屏幕上。即使在强烈的阳光照射下也能显示出鲜艳的色彩，使其在阳光下更容易观看，而且 Mirasol 低电压显示屏利用的是环境中的自然光线而非人造照明，能耗很低。"

"怪不得现在的电视机、电脑的显示屏颜色越来越鲜艳，原来是人们学习自然、善用自然的成果啊！"阿诺说道。

光子精灵点点头，接着说："不错，蝴蝶翅膀的奇异结构不仅在光学上能给人们带来启发，还能帮助人们解决热效应和防伪方面的问题。"

1　衍射 (Diffraction)：波可以绕过障碍物（如缝、孔等）继续传播，称为波的衍射。只有缝、孔或障碍物的尺寸跟波长相差不多，或者比波长更小时，才能观察到明显的衍射现象。

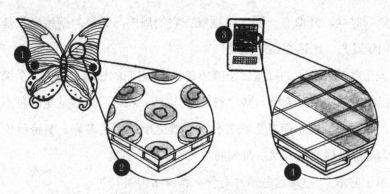

1. 蝴蝶翅膀；2. 鳞片精细结构；3. Mirasol 低电压显示屏；4. 显示屏精细结构

蝴蝶翅膀与 Mirasol 低电压显示屏

"遨游于太空的人造地球卫星受到阳光强烈照射时，温度会高达2000℃，然而在阴影区域卫星的温度会下降至零下200℃左右，这样巨大的温差很容易损坏卫星上的精密仪器。后来人们发现每当气温上升、阳光直射时，蝴蝶身体表面的细小鳞片会自动张开，以减少对阳光热能的吸收；当外界温度下降时，蝴蝶鳞片会自动闭合，可以把体温控制在正常范围内。科学家由此受到启迪，为人造地球卫星设计了一种犹如蝴蝶鳞片般的控温系统。"

"印度尼西亚凤蝶的翅膀鳞片由类似蛋盒内部的错综复杂的微观结构构成。由于特殊的外形加之由表皮和空气交替层构成，这些结构在反射光线时能够呈现出强烈的色彩。运用先进的纳米制造技术，人们已经能够模仿自然界的这个光学设计，复制出拥有同样结构的蝴蝶翅膀鳞片。这些人造结构可用作纸币光学识别标志或者其他贵重物品加密以打击伪造行为，并且能制造更难伪造的纸币和信用卡。"

星儿："带有蝴蝶标志的防伪标识一定美丽极了，真希望能早日研制成功呀！"

光子精灵："科学的进步需要一步步探索，并且离不开热爱科学的人们的不断钻研。其实，蝴蝶也可以利用鳞片颜色为自己加密，向潜在交配对象呈现一种颜色，向捕食者则呈现另外一种颜色。在充满绿色的热带生存环境下，如果同类看到的是亮蓝色而捕食者看到的只有绿色斑块，蝴蝶便可以在躲避捕食者的同时让同伴看到它们的身影。这种热带蝴蝶翅膀鳞片上的闪光绿色斑块是自然界在光学设计方面具有独创性的一个典范。"

"爱美是人们的天性，在生活中，女性往往希望把自己打扮得更漂亮一些，各种化妆品层出不穷。人们受到中美洲和美洲雨林的一种蓝闪蝶的启发，研制出了带有珠光效果的唇膏、眼影、指甲油，其样品在日光下熠熠生辉，效果惊人。"

乔乔说："我家附近有一家制衣厂，为了给衣料染色，每天要耗费大量的染料，还会造成水体污染。要是能在衣服布料上也做出蝴蝶翅膀的结构，阳光照到上面，又鲜艳又独特，洗过之后还不会掉色就太好了！这样不仅减少了污染，我们的衣服颜色会更加靓丽啊！"

光子精灵说："哈哈，虽然你的想法天马行空，但正是少数人的奇思妙想推动人类文明的整体进步，记住你的想法，未来就是你们创造奇迹！明天我们不见不散！"

第十八天　认识肿瘤

天阴沉沉的，没有一丝风，空气中充满了压抑感，这天星儿没有像往常一样开开心心地玩耍，好奇地问这问那，而是一个人安静地待在角落里，默默地伤心。光子精灵关切地问道："星儿，怎么了？发生什么不好的事情了吗？"

星儿："我爷爷昨晚过世了。爷爷平时很疼我，我就看着他这么走了，好不甘心。"

光子精灵："人有悲欢离合，月有阴晴圆缺，自古如此，星儿，你也节

哀顺变吧。你爷爷是怎么离世的啊？"

星儿："肝癌。"

光子精灵："癌症真的是困扰人类的第一大杀手啊，许多老年人都是因为得了癌症而去世的。其实如果癌症发现得早还是可以治愈的。只是目前的检测技术手段还不成熟，所以无法在癌症早期就发现，导致能治的时候发现不了，发现的时候治不了的悲剧发生。"

星儿："要怎样才能在早期检测癌症呢？要是能够实现，那不就造福全人类了吗？"

光子精灵："是啊，我就来简单说明一下癌症及其早期检测，为你们将来努力创新，打下一个基础吧。"

光子精灵："人的身体含有 500 万亿～ 600 万亿个细胞，如果把它们全部排列成一条直线，其长度约为 40 亿米，即 400 万千米，这相当于地球到月球距离的 10 倍。身体里这么多细胞，难免会出现一些不听话的坏细胞，它们快速分裂聚集，让人的身体得病，那些就是癌细胞。癌细胞不停地分裂形成瘤，就是肿瘤了。"

阿诺问道："身体中癌细胞过多时人就会死掉吗？"

光子精灵："是呀，几乎人体所有的器官都能发生癌变，癌症已成为困扰人类身体健康的首要问题。虽然社会在不断进步，生活水平和医疗水平在不断提高，但是癌症仍是人类健康的大敌，也是人类至今无法攻克的绝

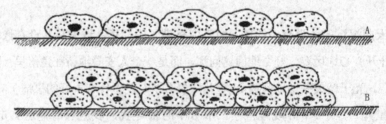

A. 正常细胞，有接触抑制现象，只生长成单层细胞；
B. 癌细胞，无接触抑制现象，生长成多层细胞

正常细胞与癌细胞

症之一。癌症是以细胞异常增殖及转移为特点的一类疾病，现今有效治愈癌症的能力直接取决于癌症早期检出的能力。其实并非所有的癌症都是致命的，也并非所有的癌前病变都不能预见，如果做好早期筛查，完全可以把某些癌阻隔在身体之外。"

"癌前病变不是癌，是器官良性与恶性病变的中间状态，此时如果发现病变趋势并且开始干预，就能将癌症消灭在萌芽阶段。"光子精灵说。

"原来病变不等于患癌啊，我还以为一旦病变就是已经得癌症了呢！那早期发现就一定能治好吗？"果儿问。

"某些癌前病变一旦被检测出来，治愈率非常高，例如，对于宫颈癌，在零期以前的治愈率几乎为100％！"光子精灵回答说。

"那怎么样能检测出来呢？"量子问道。

"早期人们利用光导纤维良好的导管性能，制成光导纤维内窥镜获取人体内部信息。光导纤维的两端各装有一个透镜，检查时将一端插入人体内部待查器官，从另一端即可看见器官内部的情况。后来在这种装置中引入一种新型的光电图像传感器，制成电子内窥镜，它能将待查部位的图像信号转化为数字电信号，再通过显示器显示。但这些并不能实现癌前检测。"

"现代科技利用光子的特点发展起来的光谱技术，为癌症患者早期、无损或微损诊断提供了可能，激光荧光光谱和拉曼光谱技术成为近年来应用很广的癌症早期检测与诊断技术。激光出现以后，使用激光作为激发光可以提供非破坏性、非侵入性、分辨能力高的新方法，对于早期癌症的发现也具有积极意义。明天我们一起学习一些有关荧光光谱和拉曼光谱的知识吧。"说完光子精灵便消失了。

第十九天　光子给癌前细胞"把脉"

　　星儿昨天听说癌症是可以提前检测和预防的，决定化悲愤为动力，认真跟光子精灵学学怎么才能检测、治疗癌症。所以，星儿一反平时嘻嘻哈哈的常态，认认真真地看着光子精灵说："我要记住你说的每一个字，将来一定要攻克癌症这个难题。"

　　光子精灵赞许地点点头说："我一定知无不言，言无不尽。把我知道的，全都告诉你！还记得我讲过其他生物也可以发光吗？16世纪西班牙科学家发现，一种木头切片的水溶液能发出可爱的天蓝色的光，这是最早记录的荧光现象。斯托克斯[1] 在1852年首次使用荧光 (Fluorescence) 这个词，并对荧光现象进行了科学的解释，之后用荧光对化合物进行分析的方法才逐步地得到发展，成为物质检测、分析的一种有力手段。"

　　"某些物质受到特定波长的激光照射，吸收光能量，分子会跃迁到激发态。当处于激发态的分子返回基态时，这些分子会释放多余能量，大部分能量因碰撞化为热量消失，但对某些物质而言，向基态跃迁时能量以'荧

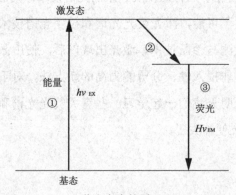

荧光产生的原理

1　斯托克斯（George Gabriel Stokes,1819—1903）：英国著名的数学家和物理学家。

光'形式释放,这就是激光诱导荧光。荧光的产生包括以下三个过程:首先,光线照射到某种物质上,物质分子吸收一定的光能,从基态激发到激发态;其次,分子从激发态很快(10^{-12} 秒)变化到一个不稳定的高能态;最后,当分子从不稳定的高能级返回基态时会伴随光子产生,即有荧光产生。"

"许多生物大分子在一定波长光的诱发下都会发出可见光范围内的荧光。荧光光谱的形状和激发光波长无关,一般荧光辐射的波长比激发光长,测量的荧光频率与入射光的频率不同,可以免去来自激发光的本底的干扰。荧光分析诊断仪能检测非典型增生,在基因突变后代谢异常期(即在肿瘤形成的前期,还未形成典型癌细胞组织前)就能够予以鉴别诊断。使用'光活检'技术,能够提早诊断癌症病变 6 ~ 8 年,从而使癌症的早期诊断、前期治疗成为可能。"

"那就是我们能提前预防癌症啊,太好了!"大家备受鼓舞,欢呼起来。

"科技的进步可以让人类的寿命不断增加,也许有一天,大伙都能长生不老呢!"光子精灵接着说:"还有一种检测方法称为拉曼光谱技术。1928年,拉曼[1]首先发现,当光与分子相互作用后,一部分光的波长会发生改变(颜色发生变化),研究这些颜色发生变化的散射光就可以得到分子结构的信息,这种效应被命名为拉曼效应。"

光子精灵接着说:"光散射的过程是激光入射到样品,产生散射光。这就好像入射光子碰到物质分子之后改变了装扮,换上了另一种颜色的外衣,碰到不同的物质就改变成不同的颜色,好像是穿上了不同的外衣一样。"

"激光的问世使得拉曼光谱的研究得到广泛重视。由于激光功率大且相干性好,用激光作为拉曼光谱技术的激发光源,功率密度大大提高,对增强拉曼信号是非常有利的。"

"近年来,应用于医学中的拉曼光谱技术已显示出它在灵敏度、分辨率、

---

1 拉曼(C.V.Raman,1888—1970):印度物理学家、教育家,亚洲第一位获得诺贝尔物理学奖的科学家。

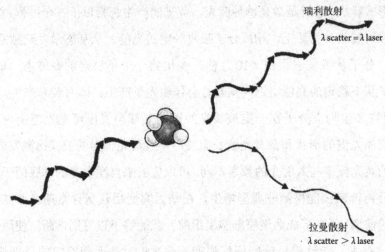

瑞利散射
$\lambda\,scatter = \lambda\,laser$

拉曼散射
$\lambda\,scatter > \lambda\,laser$

弹性散射（频率不发生改变 —— 瑞利散射）
非弹性散射（频率发生改变 —— 拉曼散射）
散射光的两种形态

无损伤等方面的优势。拉曼光谱诊断技术也成为早期诊断癌症的潜在途径。"

　　星儿："原来癌症的检测与激光光子密不可分啊，如果癌症可以在早期发现并治疗的话，那么光子对于人类又是一大贡献啊！"

　　光子精灵："是呀！细胞癌变过程中，首先是细胞组成的主要成分如蛋白质、核酸、糖、磷脂等含量与结构的改变，这一变化可以借助分子振动光谱进行观察。拉曼光谱技术通过测量物质分子官能团的振动模式，得到物质分子的振动光谱。振动光谱反映的是分子的精细结构 —— 振转结构，具有指纹特性。拉曼光谱的特征峰和强度反映了分子振动、转动方面的信息，据此也可以反映出分子中不同的化学键或官能团。"

　　星儿："哇！太棒了。谢谢你让我们学到这么多知识。"

　　光子精灵："不光是人类，就连许多动物都逃不出癌症的魔掌。但是有一种动物不仅自身不会患癌症，而且即使在实验中向其注射大剂量的化学致癌物质，也不会让自己形成肿瘤，这就是鲨鱼。有的科学家猜测，可能是鲨鱼体内大量的维生素 A 对防癌有巨大的作用；有的认为鲨鱼体内含有一种活性酶，而其他动物体内的这种活性酶已经在进化的过程中消失了。

人类至今没有弄明白鲨鱼为何不会患癌症，所以你们学习到足够的知识以后，可以致力于这种对人类和社会大有裨益的研究。如果能弄清这其中的真正奥秘，那么对人类的健康来说将是受益无穷的。"

星儿："原来还有很多未解之谜等着我们去探索，相信我们一定能在未来找到鲨鱼不会患癌症的原因，为人类造福！"

光子小札

癌组织与正常组织的组成成分不同，分子结构不同，所对应的荧光光谱也不相同。不同的物质有不同的分子结构，具有不同的拉曼特征光谱。拉曼光谱技术克服了荧光光谱技术区分病变组织的缺陷——由于生物大分子荧光带较宽、易于重叠，影响诊断的准确性。激光拉曼光谱信息量大，能描述晶体或溶液中生物大分子拉曼谱线的位置、强度及谱线宽度等特征。

第四章

奇幻多彩的物理世界

一天下午，星儿托着下巴，呆呆地出神，光子精灵看到了，不禁问道："又想到什么啦？"星儿继续看着远方，托着腮慢慢地说："之前讲了光有各种各样的用处，从自然界最基础的光合作用到人类对光的一些简单的应用。既然有这么多的用处，光到底什么呢？或者说光的本质到底是什么呢？"

光子精灵："哇，星儿你可真的是很有些科学家的天赋，喜欢刨根问底的性格，加上敏锐的目光和敏捷的思路，只要你好好努力，将来一定能够成为一名出色的科学家。刚刚你提到的问题就是一个困扰了众多科学家上百年的问题，光到底是什么？为了这个问题，几代科学家们前赴后继地去探索、研究、假设、推理，几次接近答案又几次被否定推翻，现在人们已经在对光的本质的认识上取得了一些重要成果。接下来，我们一起去探索奇妙多彩的光的世界。"

第二十天　初识神奇的光

光子精灵觉得还是应该从自然界的光开始谈起，如果一下子就讲很多物理概念会使同学们失去兴趣，所以她决定带大家来到河边。岸边树影婆娑，

　　柳条随风摇曳，水面的波光起起伏伏，倒映着水边的树影，和煦的阳光照在身上，微风轻拂过面庞，就像母亲的手，轻轻地，柔柔地。

　　光子精灵温和地说道："我们每天都会看见太阳，阳光是那么灿烂，可是到底什么是光呢？它摸不到，也捉不住，它到底是什么呢？这个问题也困扰着我们先前的科学工作者，他们做了大量的工作，在欧洲，人们甚至还为了光的本性展开过大论战！经过前辈的不懈探索，证明光是一种电磁波，也就是一种电磁信号。光具有波粒二相性 —— 光既是一种波，同时也是一种粒子，频率[1]和波长[2]是表征光的两个物理因子。从光是一种波的角度出发，光有沿直线传播、干涉、衍射、色散等性质。而光的粒子性是从微观角度研究光的量子特性的。"

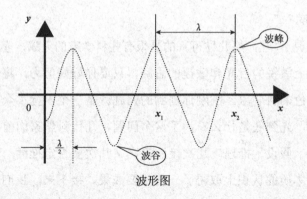

波形图

　　大家你看看我，我看看你，好像都不大明白，一头雾水。星儿问："那频率和波长是怎么来表征光的呢？"

　　光子精灵闪着柔和的光，它语气轻快地说："还记得那天你们看到的彩虹吗？彩虹由七种颜色组成，红橙黄绿青蓝紫，它们的波长在 380 纳米到 780 纳米，是人眼能够看到的光波，叫做可见光。在此之外的光叫做非可见光。其实每个波段都是有用的，可见光波段是我们最容易感知的，而非

　　1　频率（Frequency）：单位时间内完成振动的次数。
　　2　波长 (Wave Length)：沿波传播方向相邻同相位两点间的距离；波长 λ = 相邻两波谷之间的距离 = 相邻两波峰之间的距离，半波长 = 相邻波谷与波峰之间的距离。

可见光波段我们可以用它来进行通信或者监测信号等。"

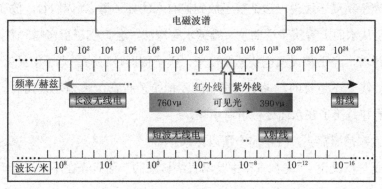

电磁波谱与可见光波长

阿力问："精灵精灵,那你说说彩虹是怎么形成的呀?"

光子精灵答道："这个讲起来比较复杂,我们先来补补课。"

"还记得前面讲过的人眼成像的原理吗?我们之所以能看见美丽的花朵,并不是花朵会发光,也不是因为眼睛会发光,而是由于花朵反射的光进入眼睛,视网膜上的视觉神经接收到了图像信号反馈给大脑,我们才能看到花朵。我们能看到其他的物体也是这个道理。"

"如果某个东西像镜子一样光滑,一束平行光线照射到它上面后反射光线也是平行的,这种反射就叫做镜面反射。但是物体表面一般都不是光滑的,会把光线向着四面八方杂乱无章地反射,所以即使入射光线互相平行,但反射光是向着各个方向反射的,这样的反射叫做漫反射。"

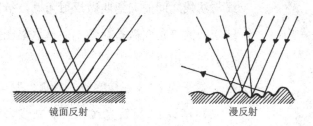

光的镜面反射和漫反射

接着,光子精灵拿出一根筷子说:"你们看,这根筷子是直的,可是如

果我把它放在水里会怎么样呢？"

光子精灵一边说一边把筷子放到盛有水的杯子里："你们看，放在水中之后，从水面上看筷子弯曲了。难道水有魔法，会把筷子折弯吗？"

说着，光子精灵又把筷子拿出来，筷子依旧是直的，光子精灵说："你们看，筷子还是直的，说明水根本就没把筷子折弯，那为什么我们的眼睛看到的却是筷子在水面处被折弯了呢？"

大家都摇摇头，说不出个所以然来。

光子精灵说："光在真空中是沿直线传播的，而且光在不同介质中的传播速度是不一样的，这个介质可以是水、空气，也可以是玻璃、塑料等。但是光从一种介质进入另一种介质还是沿着直线传播吗？"

光子精灵用魔棒指了指河面，说："阳光穿透水面，照亮了水中的鱼和水草，说明光线发生了折射；在水面能看到烈日的倒影，说明光线也发生了反射。事实上，光从空气射到水面时，水面把光分成了两束，其中一束光射进水里，另一束光返回空气中。像这样，光照射到两种介质的分界面时，一部分光返回原介质叫做光的反射，而另一部分光进入第二种介质叫做光的折射。"

水中弯折的筷子

光子精灵魔棒一挥，大家面前出现了一幅图，它解释道："这幅图是光的折射和反射的光路图。入射光线与法线之间的夹角叫做入射角 θ，反射光线与法线之间的夹角叫做反射角 θ_1，折射光线与法线之间的夹角叫做折射角 θ_2。从这幅图里面你们能看出什么规律吗？"

量子说："反射角等于入射角！"

阿诺说："反射光线和入射光线分别位于法线的两侧。"

星儿说："反射光线跟入射光线和法线在同一

平面内……折射光线也跟入射光线和法线在同一平面内。"

光子精灵说："嗯，你们观察得都很仔细，还有吗？"

乔乔说："入射角与折射角大小不同。"

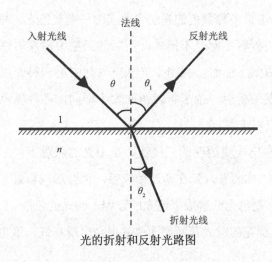

光的折射和反射光路图

光子精灵说："不错，是这样的。科学家经过研究发现，其实入射角的正弦与折射角的正弦是成正比的。用 $\dfrac{\sin\theta}{\sin\theta_2}=n$ 表示这个比例关系。物理学上把光从真空射入某种介质发生折射时，入射角的正弦与折射角的正弦之比，叫做这种介质的绝对折射率，简称折射率[1]。真空介质折射率为 1，空气介质约为 1，其余介质的折射率都大于 1。我们把折射率较大的介质称为光密介质，折射率较小的称为光疏介质。"

"由于 n 总是大于 1 的，从上面的公式可以看出，$\sin\theta>\sin\theta_2$，因此，$\theta>\theta_2$。也就是说，当光从真空入射到某种介质，发生折射时，入射角一定大于折射角。由此可知，当光从光疏介质入射到光密介质时，折射角总是小于入射角；相反，当光从光密介质入射到光疏介质时，折射角总是大于入射角。"

1　后来人们研究发现折射率 n 实质上是与波速有关系的。

"筷子之所以看起来向上弯折，是因为筷子的光线从水中（光密介质）入射到空气中（光疏介质），折射角大于入射角，根据光路可逆原理[1]，所以我们看到筷子向上弯折。"

"太阳光是由很多种颜色的光复合而成的，是复色光。每种颜色的光在空气或者水中的折射率都是不同的，雨后的天空中漂浮着许多游离的小水珠，当太阳光照到上面时，相当于光从空气射向另一种介质，这样每一种颜色的光都会发生折射。由于折射角的大小不同，各种颜色的光偏折程度不同，就会形成彩带啦。"

说着，它拿出一块透明的三棱镜，在阳光的照射下，三棱镜的后面也出现了彩虹带。"你们看，光在通过棱镜后，也会形成彩虹，三棱镜也有使光折射的作用！复色光分解成单色光的过程，叫光的色散。"

星儿说："浇花的时候花洒前面偶尔也会出现彩虹，这也是由于折射形成的吗？"

光子精灵说："你真是个善于观察的好孩子，它们的道理都是一样的。空中漂浮的水滴与棱镜作用是一样的，都是与空气折射率不同的介质使光发生了折射。"

阿诺问道："光子精灵，为什么晚上在河边看到对岸的路灯照射到水中，形成的倒影是一条长长的光带呢？"

光子精灵回答说："水面对光有反射作用对吧？当湖面平静的时候，发生的是镜面反射，倒影就完全是物体的再现，但是当微风袭来，河面上出现波纹，这时发生的就是漫反射了，所以看到的是一条条美丽的光带！"

果儿问："那为什么彩虹外面一圈是红色，里面是紫色的呢？"

光子精灵回答说："这是因为水对不同颜色的光有不同的折射率，其中对红光的折射率最小，对紫光的折射率最大，因而红光的偏折角度小，紫

---

1 光路可逆原理：当光线逆着原来的反射光线（或折射光线）的方向射到媒质界面时，必会逆着原来的入射方向反射（或折射）出去，通俗地讲，就是光从出射光那条线进去的话也可以从入射光那条线出来。

光的偏折角度大，所以我们看到彩虹是外红内紫。

阿力若有所思地点点头："原来是这样，我还以为真有彩虹姑娘，是她在晾花衣服呢！"

同学们哄的一声都笑了，阿诺说："精灵呀，那自然界中还有什么现象是由折射引起的呢？"

光子精灵笑着说："当然有啦，不过我告诉了你们现象，你们可要自己去解释原因哦！夜晚天空星云璀璨，星星不停地眨眼睛，那我们看到的星星的位置就是它们的真实高度吗？科学家研究后发现，星星的实际位置要比我们看到的低。你们想想这是什么原因呢？（答案见附注三）"

大家正在低头思考着，乔乔突然兴奋地指着远方："你们看，好多泡泡啊，五颜六色的真漂亮，它们也是色散造成的吗？"大家顺着她的目光看过去，原来是一群小朋友在吹肥皂泡泡，那些泡泡顺着风飞过来，像是身着五彩斑斓霞衣的彩蝶在翩翩起舞。

第二十一天　光的特异功能之干涉

大家今天一见面就又聊起了昨天看见的肥皂泡泡。光子精灵却什么都不说，只是专心地摆弄着自己的魔棒。星儿很好奇，于是问道："光子精灵，你怎么不说话啊？为什么不告诉我们肥皂泡泡到底是什么现象？"

光子精灵笑笑说："百闻不如一见，我解释得再好也不如你们亲眼看看更容易明白，而且，光子精灵可不只是什么都知道而已，我还可以带你们穿越时空，回到过去，去看看实验室里的故事，那可比讲的有趣得多啦。"正说着，大家感到一阵晕眩，原来他们已经被光子精灵用魔法带到了一个

黑漆漆的实验室。

"咔哒"的声音传来，实验室幽幽亮起一束微光，一个年轻的叔叔正专心地在工作台前忙碌着。

他面前的实验台上由近及远依次放着：一个发出微弱黄光的钠光灯、一个中央有条竖直细缝的挡板、一个有两条细长竖直狭缝的挡板，最后面是一个接收图像的光屏，光屏上出现了明暗相间的条纹。

光子精灵说："这位叔叔名叫托马斯·杨[1]，他现在做的实验就是历史上证明光是一种波的最著名的实验 —— 杨氏双缝干涉实验。你们看，光通过第一条缝 s_0 之后变成了一束，在通过 s_1 和 s_2 时又被分成两束，在最后的接收屏上，我们看到光在有的地方互相加强，在有的地方互相削弱，这就是光的双缝干涉。"

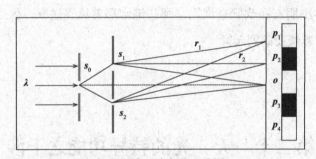

杨氏双缝干涉实验光路图

大家看着光屏上出现的条纹都惊叹不已，量子说："光子精灵，不是说有什么样的形状才能投出什么样的影子吗？我们这里并没有整齐排列的木板，怎么能投出这么整齐的影子来呢？"

光子精灵笑着说："哈哈，这正是光的神奇所在呀！只用了几个小小的器件，就能发生干涉！"

乔乔迫不及待地说："精灵，你别卖关子了，快给我们讲讲这其中的道理吧！"

---

1 托马斯·杨（Thomas Young，1773—1829）：英国医生、物理学家，光的波动学说的奠基人之一。

光子精灵说："好，我来给你们看看这个实验简化出来的光路图。r_1 和 r_2 分别是光从双缝挡板位置 s_1 和 s_2 射到光屏上时光走过的路程，λ 是单色光的波长。"

"干涉能够发生，是因为这两束光来自同一单色光，频率相同，它们的振动方向也相同，相位差恒定，这些就是光能发生干涉的条件。"

"我们从光屏上取五个点，从上到下依次把它们记做 p_1，p_2，o，p_3，p_4。其中 o 点到 s_1 和 s_2 的距离相同。s_1 和 s_2 相当于两个振动情况总是相同的波源，由 s_1 和 s_2 发出的两列波到达 o 点的路程又相同，所以这两列波的波峰（或波谷）将同时到达 o 点。这时两列波总是波峰跟波峰叠加，波谷跟波谷叠加，o 点的光强得到加强，这里就出现一个亮条纹。"

"对于点 p_2 来说，由于 p_2 距 s_2 比距 s_1 远一些，两列波到达 p_2 点的路程不相同，两列波的波峰（或波谷）就不一定同时到达 p_2 点。如果路程差 d 正好是半个波长，那么当一列波的波峰到达 p_2 时，另一列波在这里正好出现波谷。这时两列波叠加的结果是互相削弱，于是这里出现暗条纹。"

"对于更远的点 p_1，来自两个狭缝的光波的路程差（即光程差）d 更大。如果路程差恰好等于波长 λ，那么，两列波的波峰（或波谷）将同时到达这点，光波得到加强，这点也将出现亮条纹。"

"p_3，p_4 分别是和 p_2，p_1 关于 o 点的对称点，所以它们条纹的明暗状况与 p_2，p_1 处是相同的。"

星儿似懂非懂地点点头说："有点复杂呀，不过我听明白了，出现亮条纹还是暗条纹主要是取决于光程差。"

"对，"光子精灵点点头说，"当光程差等于 λ，2λ，3λ……（半波长的偶数倍）时，两列光波得到加强，光屏上出现亮条纹；当光程差等于 $\frac{1}{2}\lambda$，$\frac{3}{2}\lambda$，$\frac{5}{2}\lambda$……（半波长的奇数倍）时，两列光波就互相削弱，光屏上出现暗条纹。"

乔乔说:"同样的两束光干涉产生的结果原来不一定相同啊!"

阿力问道:"那两条狭缝间的距离 d、双缝与光屏的距离 D、光的波长 λ、相邻两条亮条纹(或暗条纹)间的距离 x,这四者有什么关系呢?"

双缝干涉图样

光子精灵说:"问得好!相邻两条亮条纹(或暗条纹)间的距离 x 是由其他三个因子共同决定的,它们的关系是

$$x = \frac{D}{d}\lambda$$

在两缝间距、挡板和屏的距离都一定的情况下,用不同颜色的单色光做双缝干涉实验,干涉条纹间的距离是不同的。比如,用红光做实验时的间距就比用蓝光时大,说明红光的波长比蓝光的波长要长。如果用白光做实验,由于白光内各波长光的干涉条纹间距不同,在屏上会出现彩色条纹。"

量子问:"但我们昨天看到的是泡沫,并不是两条细缝啊?"

光子精灵说:"哈哈,说得对,我们看到的在泡沫上出现的色彩是薄膜干涉造成的。这与双缝干涉的原理是相同的,都是由光程差引起的光学现象。"

"你们看,薄膜是有厚度的,受重力的作用,下面厚,上面薄,因此在薄膜上不同的地方,来自前后两个面的反射光所走的路程差不同。在一些地方,两列光波叠加后加强,于是出现亮条纹;在另外一些地方,叠加后

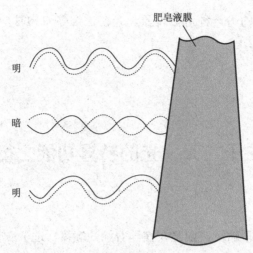

肥皂液膜

明

暗

明

肥皂泡的薄膜干涉

互相削弱，出现了暗条纹。太阳光是白光，因此也会出现双缝干涉那样的彩色花纹。"

　　精灵接着说："除了肥皂泡，水面的油膜上也常常可以看到彩色花纹，这也是薄膜干涉现象。利用这个现象，在磨制镜面或者其他精密的光学平面时，用干涉法可以检测平面的平整程度。同学们我要考考你们了，你们看图4-9中，左面的是测量原理图，右面的是测量结果，你们能描述出它是怎么测量出来的吗？"（答案见附注三）

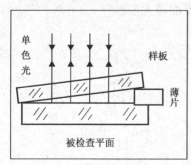

单色光

样板

薄片

被检查平面

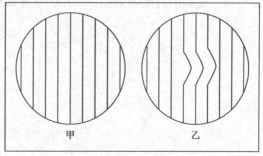

甲

乙

干涉法测样板，从干涉条纹可以判断被测表面是否平整

　　大家看着泡沫上面的色彩都不由得赞叹光的奇妙，开始思索起精灵的问题。片刻过后光子精灵说："这个问题你们回去之后好好想想。明天我再

带你们去看看光的另一种奇妙现象，光在通过障碍物时，除了发生干涉，还会发生衍射……"

第二十二天　光的特异功能之衍射

大家见到光子精灵，她又在摆弄着她的魔棒。过了一会儿，她好像做好了准备，她说："昨天，带大家穿越了时间，看到了杨氏双缝干涉实验。今天，我就带你们穿越空间，去我的光学实验室，看看光的另一种神奇的现象——衍射。"说完，他们在不知不觉中就来到了一间实验室。实验台上放着一个钠光灯，后面是一个不透光的方形挡板，上面安装了一个宽度可以调节的狭缝，挡板后放着一个接收光的光屏，它们被固定在同一直线上。

光子精灵调节挡板上面狭缝的宽度，大家发现随着狭缝缝宽的改变，光屏上的光线条纹形状和光强也跟着发生变化。当狭缝比较宽时，光沿着直线方向通过狭缝，在屏上产生一条跟缝宽相当大小的亮线，随着狭缝逐渐变窄，亮线的亮度降低了一些，但宽度却反而增大了。

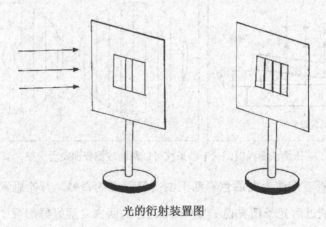

光的衍射装置图

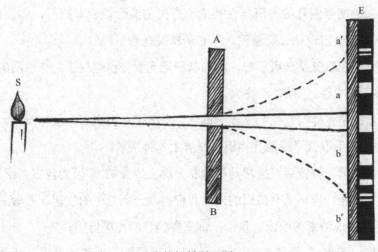

光的衍射原理图

"怎么会这样呢，光线好像是在反抗呢！"阿力的形象的描述惹得大家哄堂大笑。

光子精灵说："你们看，当缝宽很小时，光没有沿着直线传播，它绕过缝的边缘，传播到了相当宽的地方，这就是光的衍射现象。在光的衍射原理图中可以看到，经过障碍物以后，光线好像拐弯了！"

光子精灵接着说："如果把缝换成圆孔，又会发生什么呢？"说着光子精灵使用魔棒，将有狭缝的方形挡板换成带有圆孔的方形挡板，并在挡板后面放了一块凸透镜，用以汇聚光线。

"你们看，用点光源照射具有较大圆孔的挡板，在后面屏上就能得到一个圆形亮斑，但如果圆孔缩小到一定程度，这时就会出现圆孔衍射图样了。"

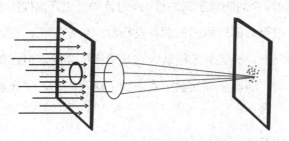

圆孔衍射装置与光斑图样

　　"如果把带圆孔的方形挡板换成不透光的圆形挡板即圆屏，你们猜猜，这时光屏上会出现什么现象呢？"光子精灵托着下巴问。

　　"光屏应该就是全黑了吧，因为圆屏把光线完全遮住了，在后面的光屏上应该不能成像。"乔乔回答说。

　　"真的是这样吗？我们来试一试吧！"光子精灵说着，魔棒一挥，不透光的圆板马上取代了带圆孔挡板，光屏上一片漆黑。

　　"换成圆形挡板后，果然是不能在光屏上成像的。"阿力自言自语道。

　　"别着急，光屏上有微弱的光，我们移动一下光屏的位置，看看是不是真的不能呈现清晰的图像。量子，你来慢慢移动光屏好吗？"

　　"好，我来。"量子应声答道。他小心翼翼地前后移动光屏，仔细观察着光屏上光线的变化，在移动的过程中，光屏中央渐渐出现了一个亮点。

　　"怎么会这样呢，是光在圆屏边缘发生了衍射么？"大家纷纷提问。

　　"不错，光线通过圆板也能发生衍射。它的衍射中心会出现亮斑，这是光绕过圆屏边缘在这里叠加后形成的。说起来这其中还有一段有趣的故事哪！"

　　"在过去的几百年，科学家一直在探索光的本性，后来人们的意见逐渐分为两大派，以胡克为中心的波动学说和以牛顿为中心的粒子学说。两大派常常展开辩论，但他们的理论都没有形成完整的体系，谁也说服不了谁。科学上的争论就是这样，一旦产生便要寻个水落石出。波动学说阵营的物理学家菲涅尔[1]按照波动学说深入研究了光的衍射，在论文中给出了严格的理论计算，而当时粒子学说阵营的物理学家泊松[2]反对波动学说，他按照菲涅尔的论文计算出来光在圆板后面的影的问题，发现对于特定波长，在适当距离上，影的中心会出现一个亮斑！泊松认为这是荒谬可笑的，但在两方当中演讲竞赛的关键时刻，菲涅尔在实验中观察到了这个亮斑，这样泊

1　菲涅尔（A.J.Fresnel，1788—1827）：法国土木工程兼物理学家。
2　泊松（D.S.Poission,1781—1840）：法国数学家、物理学家和力学家。

松的计算反而支持了波动学说。后人为了纪念这个有意义的事件，把这个亮斑称为泊松亮斑。"

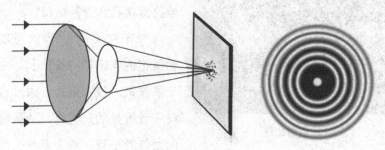

圆板衍射装置与光斑图样

同学们听了之后都不禁啧啧称赞起来，为人们对真理的孜孜以求，也为科学家严谨公正的科研态度。

星儿说："圆孔衍射的图案和圆板衍射图案很相似呀，都有明暗相间的条纹图形，而且中心都有亮斑。"

光子精灵说："不错，但是圆孔衍射图样中心亮斑尺寸较大，而圆板衍射即泊松亮斑尺寸较小；圆孔衍射图样中亮环或暗环间距随半径增大而增大，圆板衍射图样中亮环或暗环间距随半径增大而减小。另外圆孔衍射图样的背景是黑暗的，而圆板衍射图样中的背景是明亮的。"

大家仔细观察一番，果然是这样的。果儿问："精灵，那如果把方板的圆孔换成方孔呢？"

光子精灵说："如果把圆孔换成方孔，相当于在竖直和水平两个方向上都对光有了限制，它的衍射就会在水平和竖直方向同时发生，如果我们把单缝换成多缝，看到的衍射图样将会更加复杂，这其中的物理原理就更深奥了，你们以后就

方孔衍射图样

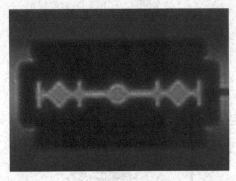
刀片的衍射图样

会知道。"

星儿问:"那我们能不借助实验仪器就看到衍射吗?"

光子精灵说:"当然可以了。如果把两支铅笔并在一起,中间留一条狭缝,放在眼前,通过这条狭缝去看远处的日光灯,使狭缝的方向跟灯管平行,就会看到平行的彩色条纹。"

同学们拿出铅笔试了试,果然看到了彩色条纹,阿诺说:"真有趣,那在我们日常生活中还有什么方法可以观察到衍射呢?"

光子精灵回答说:"这个可多了,通过两手指间的狭缝看窗外,可看到狭缝处明暗相间的直条纹;眯起眼睛看远处的路灯,可看到灯的周围有明暗相间的彩带;当大气层中有尘埃、雾滴或冰晶时,人们看到太阳和月亮周围有个大的彩色光环,内紫外黄,就是日晕和月晕,这是微粒对光的衍射;在厚纸片上用缝衣针扎孔、用刮脸刀片开小缝,用其观察白炽灯泡,可看到圆孔和单缝衍射条纹;通过鸟类的羽毛观察白光,会看到五颜六色的光,除了衍射以外还存在干涉。"

大家都恍然大悟般"哦"了一声,也许光子精灵讲的他们只是听懂了其中一部分,但在每个人的眼中,光都不再是摸不着抓不到的了。在他们看来,光已经如同这空中的云彩,变幻多姿,美妙神奇,吸引着他们不断走进这奇妙的光的世界⋯⋯

第二十三天　光子的独白

经历了昨日的穿越时空之旅，大家觉得意犹未尽，期待着光子精灵能够再带来更多的惊喜。但是今天，光子精灵哪里也不打算去，她要讲一讲光子的故事。

光子精灵说："前面我们讲的光的衍射和干涉很好地说明了光是一种波，但光电效应[1]这一新的物理现象却无法用光的波动性来解释。"

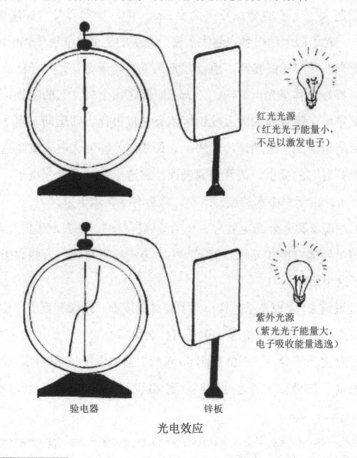

红光光源
（红光光子能量小，
不足以激发电子）

紫外光源
（紫光光子能量大，
电子吸收能量逃逸）

验电器　　　　　锌板

光电效应

1　光电效应：在光的照射下物体发射电子的现象，分为外光电效应和内光电效应。

"1900年德国的物理学家普朗克[1]在研究物体热辐射时，引入量子的概念。爱因斯坦[2]受到启发，他在1905年提出了光量子理论：光在空间的传播不是连续的，而是一份一份的，每一份叫做一个光量子，简称光子。形象地来说就是每发出'一份能量'，就相当于发出'一个光子'。按照光量子理论，光是一种以光速c运动的光子所组成的光子流，具有一定的质量、能量和动量等。"

光子精灵稍微停顿了一下说："光子和其他粒子一样，也有自己的基本属性：光子的能量E与光的频率v成正比。换句话说，光子频率越大，具有的能量越大；光子的静止质量为零（$m_0= 0$），运动质量与频率成正比，频率越大，光子的运动质量也越大；每个光子的能量只取决于光子的频率，例如，蓝光的频率比红光高，所以蓝光光子的能量比红光光子的能量大。这样就能很好地解释光电效应了。光子照到金属上时，它的能量可以被金属中的某个电子吸收。如同人吃饱饭就有能量进行各项运动，电子在吸收了光子后能量增加，运动速度加快。如果能量足够大，电子就能克服金属内的正电荷对它的吸引，离开金属表面，逃逸出来，成为光电子。这就像是一锅开水，由于锅中水的剧烈运动，就会有水花溅出来。"

"上述现象称为外光电效应。在半导体材料中，还会发生内光电效应，就是硅等半导体材料在光的照射下产生了电流或者电压，有些太阳能电池就用到了这个原理。

星儿说道："原来光子也像小孩子那么调皮呀，还像孙猴子一样有这么多变化。那我们研究这些光子、电子有什么用啊？"

光子精灵回答说："在20世纪80年代以前的电子技术时期，电子技术极大地推动了信息技术的迅速发展，到20世纪90年代人们已经越来越意

1　普朗克（Max Karl Ernst Ludwig Planck，1858—1947）：德国物理学家，量子物理学的开创者和奠基人，1918年诺贝尔物理学奖的获得者。

2　爱因斯坦（Albert Einstein，1879—1955）：美籍德国犹太裔，理论物理学家，相对论的创立者，现代物理学奠基人。1921年获诺贝尔物理学奖，1999年被美国《时代周刊》评选为"世纪伟人"。

识到光子技术的重要性。目前正处于信息高速公路建设的高潮时期，电子技术与光子技术的发展和结合对信息高速公路的发展起到了不可或缺的作用，世界上一些发达国家都将光子技术看作国际竞争的关键技术之一。甚至有人说，'成也光电，败也光电'。"

"哇，这么厉害！"同学们惊叹道。

光子精灵接着说："对，非常厉害。这是因为：第一，光子的频率高，其承载信息的容量很高，是电子的 1000 倍，因此光子在信息传输上具有得天独厚的优势；第二，光子的波长极短，其存储信息的容量可比电磁方法高 $10^6 \sim 10^9$ 倍；第三，光子在高度透明的光纤中传播时损耗极低，而且光子为电中性，具有极出色的相容性，这使得光子天然的具有并行处理信息的能力和高度的互联特性；第四，光子容易深入穿透光学介质，并能与介质发生种种相互作用，可制作出特定作用的集成器件；第五，光子可以传感多种信息，发展出多功能传感技术等。光子的性质还远不止这些呢，以后你们就知道啦！"

量子挠着脑袋说道："我的爸爸妈妈是物理学工作者，他们给我起名叫量子就是说小粒子蕴涵着大能量。"

光子精灵和同学们都一起笑了，光子精灵说："我们都知道爱因斯坦是物理学界唯一可以和牛顿相提并论的科学家，他在质能互换、光的波粒二相性、统一场论、狭义相对论和广义相对论等方面都做出了卓越的贡献。在 1921 年爱因斯坦获得诺贝尔物理学奖时，颁奖委员会特地说明这奖项是为了表彰他在光电效应研究上的突出贡献，一方面是当时的相对论只有理论，并没有实验来证明；另一方面的确是光量子理论对现代科技具有非凡的意义。到现在人们对光子世界的探索才进行了十之三四，还有更广阔的天地等待你们去发现。"

同学们互相看看，眼神里都充满了鼓励与希冀。星儿看看量子，又看了看光子精灵，他被这浩渺的光子世界吸引，一时间生出了些许"寄蜉蝣

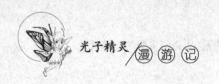

于天地，渺沧海之一粟"的感觉，他不自觉地低下头自言自语地说："这么广阔的世界我们该从哪里开始呀？"

第五章

神奇的光——激光

第二十四天　激光世界初窥

光子精灵故作神秘地边走边说："世界上有一把'最快的刀'、一把'最准的尺'和一道'最亮的光'。只要集齐这三样东西就能……"

星儿："就能召唤神龙实现你一个愿望是吗？哈哈哈……"

量子说："其实光子精灵说的那三样东西是一种事物！"

光子精灵："量子，你是怎么知道我说的是同一种东西的？"

量子解释说："因为，我喜欢看军事频道的节目，里面介绍过激光的各种特性。所以你一说我就知道啦。"

光子精灵点点头说："是的。1960 年梅曼[1]在实验室里获得了一种自然界中没有的光 —— 激光。到现在 50 多年来，激光已经深入我们生活的方方面面。有人编了一段顺口溜，大体就概括了激光的特性和用途。"

光子精灵说："激光是继原子能、计算机、半导体之后，人类的又一重大发明，你们从这段顺口溜中能看出激光有什么特性吗？"

星儿首先回答说："激光可以长距离直线传输，而且还不会产生很大的误差。"

1　梅曼（T.H. Maiman, 1927—2008）：美国物理学家，世界上第一台激光器的制造者。

六零年，造激光。激光好，有特点。
相干光，照得远。传信息，快又多。
长距离，直传输。误差小，应用广。
工业上，对准直。微测量，精度高。
能量强，亮度大。硬物质，易切割。
医学上，很神奇。接网膜，现光明。
切肿瘤，显本领。治皮肤，更靓丽。
军事上，保家国。发导弹，精导航。
空间距，用它测。引雷达，还看它。
科研上，更广泛。好处多，数不尽。

梅曼和第一台激光器

阿力回答说："激光可以照得很远，同时传送信息的容量非常大！"

光子精灵说："对，这是激光的两个优点：方向性好，适合远距离传输；相干性好，传输信息时误差很小。还有吗？"

果儿说："激光的能量很大，而且很亮。"

光子精灵用赞许的眼光看着大家说："对，其实激光还有第四个优点，那就是激光的单色性很好。表征光的颜色用频率，与自然光比起来，激光可以说是单频的。激光与生俱来的这些优秀品质使它吸引了全世界的目光。"

乔乔说："这么厉害，那激光都有什么用途呢？"

光子精灵说："激光的用途可广泛了。比如说，在课堂上有些老师拿着像钢笔一样的东西，只要轻轻按动小按钮就能发光，这就是'激光笔'。它质量轻巧，便于携带，在野外探险时，还能指示远方目标、发出求救信号，使旅行更加开心安全，所以很受欢迎。"

"再者，一般用的鼠标都是滑轮式或者无线式，后来第二代鼠标是光电式鼠标，第三代就是激光鼠标了。激光鼠标最大的特点就是定位特别准确，尤其是在需要高定位的任务中，只有激光鼠标才能达到要求。"

"另外，激光现在在美容界备受宠爱，像什么光子美白、光子嫩肤、激光除疤、激光去皱等，激光还能代替牙钻治疗牙科疾病呢！当然，我们不用担心激光能量会对人造成伤害，激光的能量是可以调节的。"

光子小札

1. Nd:YAG 激光：固体激光，波长 1.64 微米，属近红外光。医用的 Nd:YAG 激光可使用不同的输出功率，达到凝固或汽化等治疗效果，也可配合窥镜使用，穿透较深，止血效果好。

2. 倍频 Nd:YAG 激光：Nd:YAG 激光波长经过倍频后波长变为 532 纳米，在可见光的黄绿波段，可代替氩离子激光治疗。相对于氩离子激光而言，倍频 Nd:YAG 激光体积小，输出功率高。

3. Ar+ 激光：是一种惰性气体激光器，它的波长主要有 514.5 纳米、488 纳米等，都在可见光范围内。它输出蓝绿色光，生物组织中的血红蛋白对绿光吸收率最高，临床多用于鲜红斑痣等疾病的治疗。

4. He−Ne 激光：属原子气体红色光，波长 632.8 纳米，结构简单，使用方便，稳定性好。

5. CO_2 激光：属远红外光，波长 10.6 微米，属于不可见光。

6. 半导体激光：输出波长大多在可见光的长波列近红外光之间，常见波长有 800 纳米、850 纳米、980 纳米等，具有体积小、重量轻、粒电小等优点，但单色性较差。

"你们知道国家在建设'互联网信息高速公路'吧？这主要是利用光纤适合远程大容量传输的性质来实现的，如果'光纤到户'工程完成的话，我们上网的速度将会是现在的 100 多倍呢。"

星儿诧异地说："速度那么快，那就跟飞一样啊，嗖的一下就上网了！"

光子精灵说："是啊，之所以把它叫做信息高速公路，就是因为上网快捷又方便，还不会'堵车'，不就像是在高速公路上么！"

"激光还可以用来测距离呢。激光的方向性好，如果从地球上发射一束

光到月球表面，激光在月球反射后回到地球，我们记录下发射与接收的时间差，就能算出来地球与月球的距离。这是激光测量的宏观应用。"

"激光在精密测量领域也有广泛的应用。激光精密测量主要是应用激光的干涉、衍射等产生的条纹，或者通过脉冲数目和相位变化来对一些物理量进行精密测量的。激光精密测量有激光干涉测长仪，除了可以测量长度，还能测量各种可以转化为长度的物理量，如压力、折射率、温度等。另外，还有激光衍射测量仪、光线跟踪测量仪等。"光子精灵一口气说了很多。

果儿好奇地问道："一种激光器就有这么多功能吗？"

光子精灵笑着说："当然不是啦，激光器可是一个大家族呢。激光器按工作物质[1]可分为气体激光器、固体激光器、液体激光器、半导体激光器、化学激光器、自由电子激光器、X射线激光器、光纤激光器；按工作方式可分为连续激光器和脉冲激光器；按激励源可分为电激励激光器、光激励激光器、热激励激光器、化学激励激光器、核能激励激光器等；按光学谐振腔的结构可分为内腔式激光器、外腔式激光器、半内腔式激光器、环形腔激光器、折叠腔激光器、光栅腔激光器等；按输出激光的波谱可分为可见光激光器、红外激光器、紫外激光器、毫米波激光器、X射线激光器、γ射线激光器等；按激光束的模式分为单横模激光器、单纵模激光器、多横模激光器、多纵模激光器等；按激光技术分为：静态脉冲激光器、调Q激光器、锁磨激光器、倍频激光器、稳频激光器、可调谐激光器等。"

"种类不同，它们的体积和形状也是不同的，最小的比我们用的钢笔还小，最大的还需要专门盖仓库来放置呢！"

说完光子精灵轻施魔法，带同学们去看全世界各种各样的激光器，在高山上，在大海里，在医院，在工地，在实验室，在空间站，激光走在了科技改变生活的最前沿。

---

1 工作物质、泵浦源、光学谐振腔、光束模式等名词会在后文一一出现。

第二十五天 能量去哪儿了？

今天学校大扫除，大家都按照彼此的分工在忙碌着。这边果儿在费力地提着一大桶水上楼梯，摇摇晃晃地走着。正好星儿路过，见果儿一个女生干这种体力活，想到自己是个身强力壮的男子汉就过去帮她一把。两个人提着一大桶水，终于走到楼上，站在那里休息的时候，光子精灵突然出现了。光子精灵："星儿真是好样儿的，助人为乐，精神可嘉。但是不知道你发现一件事没有，你把水提上来是很费力的，但是提下去的话相对容易一些，你知道这是为什么吗？提示一下，你们已经学习了'生物进化理论'，也学习了'细胞学说'，知道细胞是构成生物活动的基本单位。那你们知道恩格斯是怎样评价'生物进化论'和'细胞学说'的吗？"

星儿说："这个内容书里讲过，它们被恩格斯称为19世纪自然科学最伟大的三个发现中的两个。"

"那还有一个是什么呢？"看来光子精灵又在向大家提问了。

光子精灵说："第三个就是能量守恒定律。世界上所有的物体都是有能量的，静止的物体具有内能，运动的物体具有动能和内能，处于高处的物体具有势能，自然界物质形态或者运动状态的改变实质上都是能量的转化或改变。能量不会凭空出现也不会莫名消失，它只会从一种形式转化为另一种形式，从一个物体转移到另一个物体。"

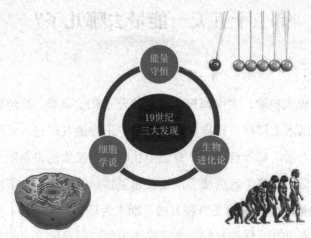

19世纪自然科学最伟大的三个发现

"比如，我们在摄取食物来获取营养物质的同时，也获取了食物的能量，食物的能量转移到我们体内，是人生命活动的能量来源。再比如，做饭时消耗的是电或者燃料，这就是把电能或者化学能转化为热能，使食物加热变熟。还有，地球上的一切物体因为重力而具有重力势能，重力势能随着物体距离地面的高度变化，位置越高，重力势能就越大。所以苹果会掉下来，是重力势能转化为动能。一个静止的物体被运动的物体碰撞后发生运动，是运动物体的动能转移给该静止物体。这是宏观上的物质能量的转化和转移。"

"光子精灵，那能量从微观上也有转化吧？它是怎样转化的呢？"果儿问道。

"动植物是由细胞构成的。那么其他没有生命的物体是由什么组成的呢？是由原子或分子组成的。原子和分子都叫做粒子，粒子不是静止不动的，它们时时刻刻在做无规则运动，只是因为它们太小了，我们的眼睛看不到，但还是可以通过其他物体来感知的。春天到处鸟语花香，我们是怎样闻到花香的呢，是花粉颗粒在空气中运动，进入鼻腔，被我们感受到了。分子（或原子）也是这样的，它们一直在做运动。内能就是物体内部所有分子无规则运动的动能和分子势能的总和。你们看这个图，其中的小黑点就是分子，

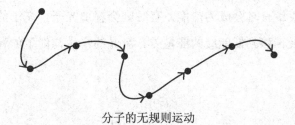

分子的无规则运动

箭头记录了分子的运动轨迹，可以看到分子的运动轨迹是杂乱无章的。"光子精灵说起来头头是道。

"在微观上，原子是由原子核和核外电子组成的，原子带正电，电子带负电，所以整体是电中性的，分子、原子、电子都是粒子。原子的大小在 10^{-10} 米左右，而原子核的大小大约为 10^{-15} 米。形象地说，如果原子像乒乓球那么大，那原子核就只有针尖那么大，在它们之间那么大的空间里运动的就是电子。"

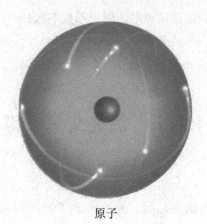

原子

"电子是按照一定轨道分布的，它们绕着原子核在各自特定的、分立的轨道高速转动，各个轨道上的电子具有分立的能量，这些能量值即为能级。离原子核越近的电子能量越低，能级越低，随着电子轨道层数的增加，电子的势能越来越大，能级越来越高。"

"电子可以在不同的轨道间发生跃迁，从能量守恒定律我们知道，电子从低能级跃迁到高能级时会吸收能量，从高能级转移到低能级时会放出能

量。释放的能量有时会成为热能，有时则会释放光子，光子的能量就等于粒子从高能级转移到低能级的能量差。激光的产生与能量的释放有极大的关系。"

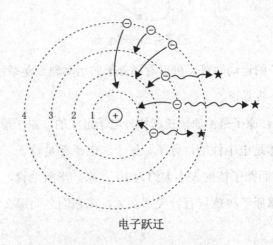

电子跃迁

光子精灵："今天就到这里吧，明天不见不散！"

第二十六天　激光是怎么得来的

　　星期天，量子来找星儿玩。他今天穿了一件印着星球大战中绝地武士——尤达大师图片的 T 恤衫。虽然尤达大师看起来又矮又老，但是他绿色的皮肤显示出强大的生命活力，他深邃的目光透着无尽的智慧，最吸引人的大概要数他手里那把蓝色的激光剑了，据说那把剑可以斩断一切东西，可以挡掉所有攻击，它是绝地武士厉害的根本所在，就像他们的生命一样重要。他们一起看了漫画展，正赶上那天的主题是星球大战，痛快地玩了一天。回来的路上，星儿意犹未尽地说："要是有把真的激光剑就好了。"

还边说边比划着。忽然，光子精灵出现说："想要的话，就自己做一把啊！"

星儿："精灵，你在开玩笑吧，我要是会做激光剑，我早就去拯救世界了，怎么还会在这里。"

光子精灵："呵呵，说的也是，不过我说的也是真的啊，而且我可没说现在就做一把。我先把激光最基本的知识教给你，以后要做什么就看你自己啦！"

星儿："哦，这是不错，那你快说说吧。"

光子精灵看着旁边的量子，也是一脸的期待，笑着挥一挥魔棒，把他们带到一个好像博物馆一样的地方。

她指着一台黄色的仪器说："你们看，这就是我国第一台激光器，是由中国科学院长春光学精密机械与物理研究所研制的。"

光子精灵笑着说："有谁能告诉我，要使激光器产生激光需要几步？"

星儿举手抢答说："我知道！总共分三步！第一步，把激光器接上电源；第二步，把防护眼镜戴上；第三步，把激光器打开。哈哈，答对了吧！"

光子精灵大笑着说："星儿，你说得也对，不过这样听起来跟开灯差不多了。你知道为什么要戴防护眼镜吗？"

"因为激光的能量太高了，不小心会损害眼睛。"星儿回答得飞快。

光子精灵又问道："那为什么在灯泡下不用戴防护眼镜呢？灯泡是怎么发光的呢？"

量子回答说："灯泡的能量不是很大，短时间直视灯泡也不会给眼睛带来伤害。灯泡发光是利用高温物体能发光的原理做成的，把钨丝加热到上千度的高温，钨丝就发光了。太阳会发光就是

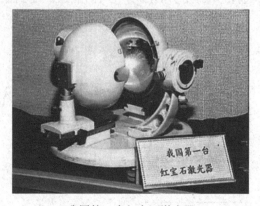

我国第一台红宝石激光器

因为太阳表面温度很高，太阳内部时时刻刻在进行剧烈的核聚变，释放能量。"

光子精灵赞许地看了看他，问道："那灯泡里面加热钨丝的能量是从哪来的呢？"

"是电加热的，要是没电，灯泡就不亮！"乔乔很是笃定地回答。

光子精灵说："不错，灯泡中的光能来源于电能。摸一摸灯泡，还会发热，热能属于内能，灯泡中的光能和内能都是由电能转化而来的。当电路连通时，灯丝上有电流通过，灯丝温度升高，形成黑体辐射[1]，辐射波长在可见光区域。这样电能转化成了内能和光能。"

"哦，用了这么久的电灯，今天才知道它为什么会发光了！"大家不约而同地回答。量子问道："那激光器产生激光也是黑体辐射吗？"

光子精灵回答说："激光的产生不是黑体辐射，激光的能量来源于工作物质内部粒子的跃迁。物质是由微观粒子组成的，通常粒子中电子的跃迁是杂乱无章的，处于不同能级之间的电子常常会发生转移。"

"电子自发地从高能级转移到低能级，释放能量，发射一个光子，这个过程叫做自发辐射；在外界光子激励下，处于低能级的电子吸收光子，从低能级跃迁到高能级，这个过程叫做受激吸收；有时处于高能级的电子也会在外加光子的激励下从高能级跃迁到低能级，同时释放出一个与外来光子一样的光子，这个过程称为受激辐射，受激辐射就是激光得以产生的直接原因。"

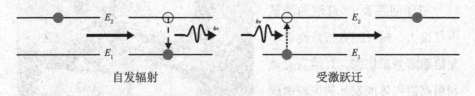

自发辐射　　　　　　　　　受激跃迁

1　黑体辐射：即为热辐射，是物体由于自身温度高于环境温度而产生的向外辐射电磁波的现象

受激辐射

"由于受激辐射出来的光子与入射光子完全相同，叫同态光子，输入了一个光子，能得到两个光子，这个过程进行两次，得到四个光子，进行三次，得到八个光子，进行 n 次，得到 2^n 个光子，这种放大作用是很明显的！通常称为光放大。"

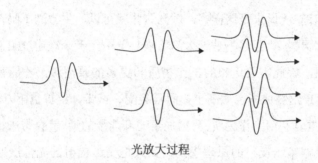

光放大过程

星儿有些不解地问道："要是粒子都从高能级跑到了低能级，所有的粒子都处在低能级了，就不能再释放光子了，那还怎么实现光放大啊？"

"这个问题提得很好，自然情况下，处于低能级的粒子数总是大于处于高能级的粒子数。就像水自然会往低处流一样！"

"那怎么能产生光放大呀？"量子急切地问。

"要维持人造瀑布的话，需要用水泵不断把低处的水抽到高处，同样，要维持处于高能级上粒子数大于处于低能级上粒子数，就需要用一种类似于水泵的装置把低能级的粒子激励上去，这种提供激励作用的装置，叫做泵浦源。"

"那泵浦了就能使高能级粒子数处于优势了？"果儿问道。

"还不行，试想一下，如果低能级粒子刚被泵浦到高能级，由于自发辐射，马上又会回到低能级，相当于泵浦白白做功了。因此，要实现高能级

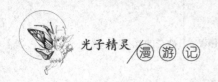

粒子数处于优势，还需要一个重要条件，就是使粒子能较长时间维持处于高能级状态。科学家找到了具有这种特性的物质，如红宝石、YSGG[1]等作为激光工作物质。这类物质的激光高能级粒子具有较长的寿命，就是一旦粒子被泵浦到高能级，就能在较长时间停留在那里，不会马上辐射到低能级，这种状态称为亚稳态。由于有亚稳态的存在，在合理泵浦情况下，就可以让处于高能级上的粒子数多于低能级上的，称为粒子数反转。"

"实现了粒子数反转，处于高能级的粒子在入射光子的作用下不断向低能级转移，这样就能持续产生受激辐射的同态光子啦！"

量子问道："原来是这样啊，做到这些就可以产生激光了吗？"

光子精灵说："当然不是这么简单啦！单个光子一次通过工作物质的放大作用有限，因此需要更长的工作物质和更多的泵浦源，才能获得足够大的能量。如果这样成本也太高了，而且装配、携带、维护也不方便。"

"若能重复利用工作物质，只增加泵浦源能量的话，就会带来很多便利。科学家们根据镜子反射的原理想到，如果把受激辐射的光再次通过工作物质那么就相当于工作物质的长度增加了一倍！"

"那就在工作物质的两端都装上反射镜就好了，但问题又来啦，如果激光在两个镜子之间来回反射，那就没办法输出来啦，所以我们给一端装的是完全反射镜，另一端装的是部分反射镜（一部分的光会透射出镜子）。组装的时候，我们把工作物质放在一个长形的腔内，腔的两端，一端安装全反射镜，另一端安装部分反射镜。由于这个腔镜中主要发生的是光子的谐振，所以通常我们把这个腔叫做谐振腔。"

"谐振腔还有另外一个作用，就是选择输出激光的方向。光与物质相互作用时，前面所讲的三种电子转移方式是同时存在的。自发辐射出的光子的状态是各不相同的，这样的光相干性差，方向散乱；受激辐射出的光子

1　YSGG：一种激光晶体，是 Yttrium-Scandium-Gallium-Garnet 的缩写。

我国第一台红宝石激光器结构示意图

是同态光子，方向性好。谐振腔将选择平行于腔轴方向的光来回振荡，散射掉沿其他方向传播的光，保证了激光良好的方向性。到现在，可以说获得激光的大体过程我们都了解了。"

星儿却疑惑地摇摇头："部分反射镜是不是会使一部分光从腔中逃走，那不会造成能量的损耗吗？"

光子精灵说："损耗是一定会有的，不止这里有损耗，其他过程中也有损耗，如果谐振腔内增加的光能量（也叫增益）小于整体损耗的能量，那就没有光输出；继续增加泵浦功率，在某一时刻增益与损耗相等，达到激光输出的临界点，此时泵浦源的功率值称为泵浦阈值；泵浦源功率继续增大，增益就大于损耗，光强持续增加，就会有激光输出来。当光强达到一定程度时，增益与损耗会达到新的平衡，就有稳定的激光输出了。"

星儿问道："原来激光就是这样得到的啊，好像也挺好理解的，没有那么神秘。"

光子精灵说："我讲的只是激光产生的基本原理，要精确地实现激光的产生和控制，会涉及许多数学计算和逻辑推导，想要让激光能够听话地为人所用，还是需要花一番工夫的。"

"概括地说，要形成激光，就是利用泵浦源提供能量不断使工作物质中的粒子处于高能态，在入射光子的作用下使粒子从高能态向低能态跃迁，产生同态光子，形成增益。当增益大于损耗时，受激辐射产生的同态光子

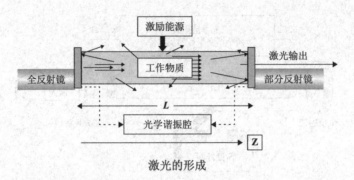

激光的形成

在谐振腔内来回振荡，多次光放大产生更多的同态光子，最后获得稳定的激光输出。这也就是激光得名的由来，因为这个光是激发放大得来的。"

"那最开始的那个入射光子是从哪里来的呢？是由泵浦源提供的吗？"阿力摸着下巴问道。

"由于存在自发辐射，最开始的入射光子当然是自发辐射释放的光子，这个光子作用于处于高能态的电子，继而引发受激辐射。"光子精灵回答。

量子说："原来如此啊！泵浦源提供能量将低能态的粒子抽运到高能态，工作物质的亚稳态特性使粒子较长时间处于高能态，实现粒子数反转。自发辐射释放的光子作用于高能态的粒子，使其受激辐射产生同态光子。这些同态光子经反射镜多次在工作物质中通过，实现光放大，最后就产生激光啦。"

光子精灵回答说："不错，其实核心就是怎样在最节省材料、最节省空间的前提下，最大效率地产生大量同态光子。"

量子说："我要赶紧回家去，自己做一把激光剑！"光子精灵和大家都哈哈大笑。

第二十七天 激光光斑的形状

又到了周末，大家一同相约登山观日出。当清晨的第一缕阳光透过树林，洒下一缕缕金黄色的光束时，大家都不禁啧啧称赞。看着地上形态各异的光斑，光子精灵说道："太阳的光束自然美丽，但激光的光斑更是变化万千哦！"。

"是吗？光子精灵那快给我们讲讲激光光斑的变化吧！"星儿抢着答道。

"好的，那今天我给大家看一些有趣的现象。"说着魔棒一挥，手中出现了一支笔。光子精灵说道："我手上拿着的就是激光笔，它身材小巧，方便携带。如果把激光照到白纸上，你们能看清楚光斑的形状么？"光子精灵按下激光笔前端的按钮，随即纸上出现了一个绿点。

"哇哦，是圆的。"乔乔首先说。

"那现在呢？"只见照到纸上的光斑中间出现了条小缝。

"好像一个月饼被切成了两半。"果儿回答。

"再看看这是什么样呢？"光子精灵的魔棒一挥，光斑马上又变了形状。

"光斑怎么又变成四瓣了呢？光子精灵，这是怎么变的呀？"阿力似乎以为这真的是光子精灵的法力在起作用。

"哈哈，这当然不是我变出来的，是我调整了激光的输出模式。我们看到的光斑是激光输出能量的横截面上稳定的光强分布。"

大家看着这几幅激光光斑模式图，讨论了半天终于得出了正确的结果。

光子精灵说："由于激光中存在多个模式的竞争，输出不稳定，为了提高光束的输出质量，要对模式进行选择，这就是激光选模技术了。基模 TEM_{00} 的光束质量最好，也最稳定，通常是首选。"

星儿说："光子精灵，你这么一介绍我知道了，激光器本身的结构并不复杂，激光形成的原理和过程也蛮有意思的，真想快快长大，好把激光的

秘密了解个透。"

在激光光学中，描述光束模式一般用纵模和横模，纵模刻画的是激光输出频率，就是光的颜色。横模则刻画激光输出的横截面上稳定的光强分布，一般用 TEM_{mn} 表示。如果光斑是沿径向分布的，如前五个光斑，用柱坐标系来描述，m 的取值是由横截面上沿角 ϕ 方向的节线数决定的，n 的取值则是横截面上沿径向方向的节线数；如果光斑是沿垂直方向分布，采用的是直角坐标系描述，m 的取值表示在横截面上沿水平方向的节线数，n 的取值表示在横截面上沿竖直方向的节线数。

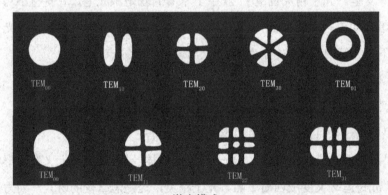

激光模式

"激光的秘密其实远不止于此呢，越是靠近科学，我们就越能发现它的美丽和迷人之处。这也是众多科学家一直从事激光研究的原因啦！"光子精灵脸上浮现出淡淡的笑容。

"那科学家做了哪些激光的相关研究呢？"量子问道。

"明天我来回答这个问题，并且明天我带大家去一个有趣的地方，不见不散！"说完，光子精灵消失在夕阳里。

第二十八天 激光器也可以有"闸门"

这天一早，大家聚集在公园里，光子精灵魔棒一挥带大家来到了三峡大坝之上。大坝内的水蓄得满满的，真是壮观至极。突然间，大坝的水闸开了，坝内的水奔涌而出，如一群脱缰的野马，飞流直下。看到这一幕，光子精灵说道："大家都了解三峡大坝闸门的作用吧，其实在激光器中也有'闸门'哦！"

"难道激光器里面也有一个闸门控制着激光的输出吗？"果儿不解地问道。

光子精灵微笑着说道："果儿猜得很对！其实，科学家都有完美主义的倾向，人们希望控制和改善激光的输出特性，研制各种激光技术，例如，激光调 Q 技术可以较大幅度地压缩振荡脉冲宽度，输出较高峰值功率的激光！这种技术就用到了类似'闸门'的原理。"

"什么是激光调 Q 技术呢？这个词好专业啊！"大家都皱着眉头表示不解。

"激光器谐振腔的品质因数 Q 与谐振腔内的损耗呈负相关，Q 值越大，谐振腔的光损耗越低，谐振腔的泵浦阈值就越低。通常情况下，脉冲激光的振荡持续时间与泵浦源脉冲时间相当，所以输出光瞬时功率（也称峰值功率）就不够高。"光子精灵回答说。

"激光调 Q 技术是以某种方法使谐振腔的 Q 值在某段时间成高值，某段时间成低值，获得较强的短脉冲光。"

"光子精灵，听不懂啦！"乔乔抗议道。

"哈哈，说着说着就忘了，你们还没学到这么多知识呢，"光子精灵说，"其实这也可以找个例子来说明哦！"

"如果我们把谐振腔中产生的激光比作河中的水量，那么调 Q 值就相

当于调拦截流水的大坝。大坝不仅像一道墙阻隔水向下游流去，而且在坝体两侧还会形成很大的高度差，如果这时瞬间打开大坝，那流量将会是非常大的！"

"同理，在激光器中，如果我们采用一种技术，在泵浦源开始工作时，有意降低 Q 值，使粒子数的反转程度随着泵浦源的积累而不断增大，但不产生激光振荡，相当于将源源不断的河水拦截在大坝前。然后在某一特定时刻快速增大 Q 值，使腔内快速发生激光振荡，这样大量积累的反转粒子的能量会在很短的时间内迅速释放出来，相当于瞬时打开大坝的闸口，这样就获得瞬间能量很大的激光输出。此时激光输出的时间很短，能量又很大，如同溃坝瞬间的洪峰，有很高的峰值功率，称为巨脉冲。"

"要实现这个目的，就需要引入一个快速光开关 —— Q 开关，在泵浦开始后的一段时间内，谐振腔内仅有粒子数的持续反转，并不形成振荡，激光器处于'关闭'状态。在粒子数反转程度达到最大时，激光器突然'打开'，从而在腔内形成瞬时的强激光振荡，并产生调 Q 激光巨脉冲输出到腔外。"

"Q 开关周期性地'关闭'和'打开'，这样就产生了周期性的光脉冲链，运用激光调 Q 技术容易获得峰值功率高达兆瓦级、脉冲宽度为几纳秒到几十纳秒的激光巨脉冲。"

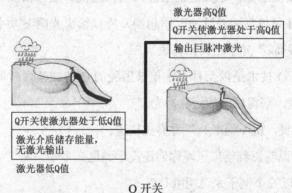

Q 开关

在调 Q 基础上发展起来的锁模技术，是将激光器中同时存在的不同纵模的激光进行相位锁定，产生激光超短脉冲即锁模脉冲。目前已经可以得到脉冲宽度为 $10^{-12} \sim 10^{-15}$ 秒的光脉冲，开创了超短脉冲新时代。

光子精灵满怀期许地说道："同学们，更多的技术革新等着你们去创造哦！好啦，今天就到这里啦。明天我给大家介绍一个激光光学的新领域 —— 非线性光学。"光子精灵来去匆匆，很快消失了。

量子看着天边隐隐升起的长庚星，渐渐觉得星空很美很美。

第二十九天　激光的变身 — 非线性光学

着迷于科学的奇妙，一大早聚在一起的同学们缠着光子精灵再讲一些激光的知识。"光子精灵，你昨天说要给我们讲非线性光学，那是什么东西啊？快给我们讲讲吧。"阿诺第一个问道。

"阿诺真是个好学的孩子啊！"光子精灵赞许道。说完便将大家带到了一个晶体的内部，大家看着眼前来回穿梭的光线，仿佛梦幻一般，不禁赞叹。

光子精灵："在非线性光学中，一定频率的光入射到介质上，可能通过与介质的相互作用产生二次、三次或者更高次的谐波，还能在光谱上产生频率周期分布的光。"

"光子精灵，什么是二次、三次谐波呢？"量子发问道。

1961 年，科学家发现利用石英晶体可以将红宝石激光器发出的波长为 694.3 纳米的激光变成波长为 347.15 纳米的激光，出射光的频率恰好是入射频率的 2 倍。这不是偶然的现象，在强激光场作用下，入射光和传播介质之间会有相互作用。入射光的强度越高，相互作用越明显。这样光学研究便进入了一个新的领域——非线性光学。

光子小札

"假设有两个光子，频率分别为 ω_1 和 ω_2，经过介质后，变成了一个光子，这个光子的频率是 ω_3，并且 $\omega_3 = \omega_1 + \omega_2$，这个过程称为和频；当两个入射光子的频率相同，都为 ω_1 的时候，经过介质生成的光子的频率 $\omega_3 = \omega_1 + \omega_1 = 2\omega_1$，这个过程叫做光学倍频，也叫光学二次谐波。上面讲的石英晶体将激光器发出的波长为 694.3 纳米的激光转变成波长为 347.15 纳米的激光的过程就是倍频。同理，光学三次谐波，也即光学三倍频，就是生成的光子的频率 $\omega_3 = \omega_1 + \omega_1 + \omega_1 = 3\omega_1$。激光与物质的相互作用还会有差频出现，你们猜猜，差频产生的光子的频率是多少啊？"

"和频是两频率相加，那差频应该就是相减了，光子精灵，差频产生的光子的频率应该是 $\omega_3 = \omega_1 - \omega_2$ 吧？"星儿回答说。

"不错，是这样的。如果两个不同的光子通过介质，那么只有相加和相减两种可能，那如果是三个不同的入射光子 ω_1、ω_2 和 ω_3，这时出射光子有多少种情况呀？"

"如果每一种都能相加相减的话，那就有 $\omega_1 + \omega_2 + \omega_3$ 和 $\omega_1 - \omega_2 - \omega_3$！"乔乔很会有样学样地回答。

"还有呢，光子精灵，$\omega_1 + \omega_2 - \omega_3$ 和 $\omega_1 - \omega_2 + \omega_3$ 是不是也可能呢？"阿力补充了两个。

"是呢，你们回答的都对。当有三个入射光子的时候，它们的作用关系是很复杂的，所以将有三个入射光子的情况称为四波混频，具体情况取决于选择的晶体和入射光的性质。比如，KTP 晶体（$KTiOPO_4$，简称磷酸钛氧钾）是一种优良的非线性倍频光学晶体；BBO 晶体（β-BaB_2O_4，简称偏硼酸钡）既能用于 1064 纳米的 Nd:YAG 激光器之二倍频、三倍频、四倍频和五倍频，还用于染料激光器和钛宝石激光器之二倍频、三倍频、和频、差频等；KBBF（即氟代硼铍酸钾）晶体是目前唯一可直接倍频产生深紫外激光的非线性光学晶体，是继硼酸钡、三硼酸锂晶体后的第三个'中国产'非线性光学晶体；PPLN 晶体（MgO:PPLN，即周期极化掺氧化镁铌酸锂）是一种全新的非线性光学晶体，可实现从可见光到中红外光的倍频、和频等高效频率变换等。非线性光学的实质就是光子的叠加增减！"

"听起来好复杂，那非线性效应都有什么应用呢？"量子问道。

"事实上，非线性光学效应的应用可多了。利用非线性光学效应的全光开关和光限制作用可以控制激光的强度；用倍频、和频与四波混频可以实现光频率的转换，从而得到我们想要的频段；在非线性光存储上，现在也有光折射存储和双光子双存储两种新型存储方式；在光通信方面，光孤子

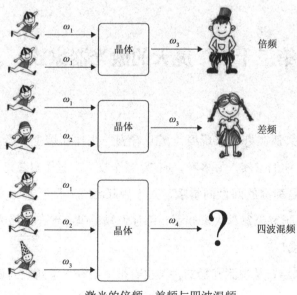

激光的倍频、差频与四波混频

通信和混沌光通信依旧是研究的热点。可以说非线性光学渗透在现代科学研究领域的方方面面，这些知识正是使我们的生活发生翻天覆地改变的应用基础。"

"哇！"同学们惊叹起来："光真是太神奇了，没想到这小小光子竟然这般神通广大。真的就像人们说的那样，光无孔不入啊！"

光子精灵调皮地吐了下舌头说："其实科学的发展就是这样，刚开始人们发现了自然的大体规律。随着文明的进步，人们对自然的认识进一步具体细化，深入发现，看似各个学科已经自成一体，毫无关联。但到了一定阶段又会发现，虽然学科不同，但无论是研究方法还是理论基础，其中的道理是相通的，也是相辅相成的。"

乔乔若有所思地说："听起来好像这其中还蕴涵了很深的哲学哦！"

同学们彼此也都会心一笑，他们还不能窥探到自然的博大，但智慧之光已经如同清晨丝丝缕缕的霞光，开始慢慢浸润他们的心田。

第三十天　庞大的激光器家族

这天，大家都在量子家玩耍。星儿看到一张挂在墙上的全家福照片，便对量子说："你们家族人好多啊，有 20 多个哎！"量子自豪地说道："是的，我们家族是标准的四世同堂哦，人丁兴旺着呢！"听到这儿，光子精灵便说道："量子家果然是大家族啊！那你们知道吗，现在的激光器家族也是越来越庞大哦！"

"激光器家族？是说激光器的种类也有很多吗？"果儿发问道。

光子精灵答道："是的，激光器的发展是很迅速的，为了满足不同的社会需求，人们不断研发出新的激光器。所以激光器的种类越来越丰富。"

"那激光器有哪些种类呢？"同学们入了迷，总是想再多了解一些。

光子精灵说："激光器有很多种类，单以工作物质来说，就有以下几种。"

"一是气体激光器。它是以气体或金属蒸汽为发光粒子的激光器，它们又可以分为原子激光器、准分子激光器和离子激光器。"

"其中，原子激光器是利用原子在不同激发态之间发生的激光跃迁为工作机制的一种气体激光器；准分子激光器是指产生激光作用的是准气体分子；离子激光器则是利用电离后气体离子产生激光作用的机制。"

"我们知道，惰性气体原子不活泼，一般不可能与其他原子结合成稳定的分子，但当它受到激发时，电子的分布会被打破，这时可以和另一个原子形成一个短寿命（几十毫微秒）的分子。这种处于激发态的分子称为受激准分子，简称准分子。准分子激光器就是利用惰性气体原子来产生激光的。"

光子小札　　准分子激光器由于容易实现粒子数反转，有很高的量子效率，能获得较大的增益，易于产生激光巨脉冲，输出波长主要处于紫外区和可见光区，还容易制成高重复频率和长脉宽的器件，一度是研究的热门。

"总的来说，气体激光器工作物质丰富、结构简单、成本低，很容易实现大功率连续输出，转换效率高，光束质量好。常见的气体激光器有He-Ne激光器、CO_2激光器等。"

"二是固体激光器。它是以固体激光介质作为工作物质的激光器。基质材料一般为玻璃和晶体，激活粒子可以是过渡族金属离子、二价稀土金属离子、三价稀土金属离子或铜系金属离子等。固体激光器产生激光的粒子来源于固体介质，获得的激光输出能量也较大，脉冲峰值功率非常高；器

件结构相对紧凑，牢固耐用，但这同样也带来了缺点——固体物质的热效应严重，在连续输出功率方面不如气体高。"

"三是液体激光器。也叫染料激光器，一般分为有机化合物液体（染料）激光器和无机化合物液体激光器两类。这类激光器的激活物质一般都是由某些有机染料溶解在乙醇、甲醇或水等液体中形成的溶液。液体激光器发出的激光在光谱分析、激光化学和其他科学研究方面具有重要的意义。"

"四是半导体激光器。它是以半导体材料为工作物质的一类激光器，这是目前研究的热门，具有其他激光器所没有的超小型化、高效率、结构简单、价格便宜等特点。"

"第五种是自由电子激光器。世界上第一台自由电子激光器于 1977 年问世。自由电子激光器受激辐射的能量不是从原子或分子中得来的，而是把电子运动的动能转换为激光辐射，利用自由电子在真空磁场中的周期性摆动，产生激光。自由电子激光器连续工作时的输出功率为几百瓦，脉冲式工作时平均最高功率可达几兆瓦。在加工、反导、雷达、通信、光化学、材料科学、医学、表面科学、生物及生命科学等领域，自由电子激光器都能大显身手。"

"六是 X 射线激光器。原子内部壳层的电子跃迁产生的光子，能量非常高。利用这个原理制成的激光器称为 X 射线激光器。现在科学家已经用波长 4.483 纳米的 X 射线激光制成了 X 射线显微镜，并用它成功获取了老鼠精子内核的图像，用于 DNA 在精子细胞内排列的研究。这对人类基因工程的发展也将是意义深远的，也许将来有一天，治病就不再依靠药物，而是完全依靠物理或者生物手段来彻底治愈了。"

"还有一种是光纤激光器。这是近些年来新兴的一种激光器，它是在石英或玻璃光纤中掺入稀土离子，用二极管或其他固体激光器作泵辅源来产生激光的。由于激光在光纤中传输时，经过数百千米甚至数千千米的行程，光信号也没有明显的衰减，而且光纤本身传输信号的容量就很大。这样大容量、高速度、低损耗的特性正是现代通信所追求的理想传输状态。因此，光纤激光器一问世就立刻得到人们的普遍关注，迄今在通信、局域网、数字电视、宽带网络等领域都掀起了一股研究热潮。其应用范围也非常广泛，包括激光光纤通信、激光空间远距通信、工业造船、汽车制造、激光雕刻、激光打标、激光切割、印刷制辊、金属非金属钻孔、切割、焊接、军事国防安全、医疗器械仪器设备、大型基础建设等，还可以作为其他激光器的泵浦源，等等。"

乔乔插话道："光纤激光器怎么有这么广泛的应用啊？"

光子精灵说："想知道为什么吗？那明天准时等我吧！"说着它调皮地吐了吐舌头便消失了。

第三十一天 备受宠爱的光纤激光器

这天一早，大家便聚集在公园里。光子精灵接着昨天的内容说："光纤非常细，直径只有十分之几毫米，比人的头发丝还要细。传统的光纤是由内芯、包层、护套三部分组成的，内芯折射率大于包层折射率。光在内芯中传播时，不断被包层反射回来，曲折前进。带有信号的光纤沿着光纤向前传播，不受外界条件的干扰，使激光通信能传播很远，并且能提高通信质量。光纤激光器的原理是在光纤中掺杂稀土离子（如铬、铒等），输入泵浦光后，稀土离子的电子跃迁到激发态，实现粒子数反转，产生的激光在光纤中来回振荡从而得到光放大，就如同在谐振腔中来回振荡一样。当然光纤激光器中的谐振腔不是由镜片构成的，大部分都是由布拉格光栅构成的。"

光纤激光器按照光纤材料的种类分为四种类型。

（1）晶体光纤激光器，其工作物质是激光晶体光纤。

（2）稀土类掺杂光纤激光器，其基质材料是玻璃，光纤中掺杂稀土类元素离子使之激活制成激光器。

（3）塑料光纤激光器，向塑料光纤芯部或包层内掺入激光染料而制成光纤激光器。

（4）非线性光学型光纤激光器，主要有受激拉曼散射光纤激光器和受激布里渊散射光纤激光器。

　　光子精灵接着说："双包层光纤使得高功率的光纤激光器和高功率的光放大器的制作成为现实。目前制作高功率光纤激光器已广泛采用包层泵浦技术，光纤由四个层次组成：光纤芯、内包层、外包层、保护层。内包层一般采用异形结构，有椭圆形、方形、梅花形及六边形等，外包层一般为圆形，将泵浦光耦合到内包层，光在内包层和外包层之间来回反射，多次穿过单模纤芯被其吸收。这种结构的光纤可将约 70% 的泵浦能量间接地耦合到纤芯内，大大提高了泵浦效率。"

　　"采用包层泵浦技术特性的激光器有以下几方面的突出性能：一是高功率，单个多模泵浦二极管模块组可辐射出 100 瓦的光功率，多个多模泵浦二极管并行设置，即可设计出很高功率输出的光纤激光器；二是无需热电冷却器，这种大功率的宽面多模二极管可在很高的温度下工作，只需简单的风冷，而不像其他激光器需要水冷，成本低；三是具有很宽的泵浦波长范围，高功率的光纤激光器内的活性包层光纤掺杂了铒（或镱）等稀土元素，有宽且平坦的光波吸收区，泵浦二极管不需任何类型的波长稳定装置；四是效率高，泵浦光多次横穿过单模光纤纤芯，因此其利用率高；最后，它还具有高可靠性，多模泵浦二极管比起单模泵浦二极管，其稳定性要高出很多。"

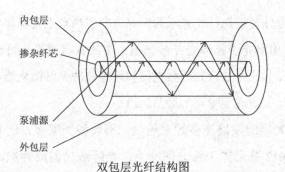

内包层

掺杂纤芯

泵浦源

外包层

双包层光纤结构图

"光纤激光器作为第三代激光技术的代表，具有得天独厚的优势：光纤的主要材料就是玻璃或者塑料，制造成本低；玻璃光纤激发相对容易；玻璃材料散热快、损耗低，所以转换效率较高，激光阈值低；稀土离子种类很多，而且能级非常丰富，使其输出激光的波长多；光纤激光器的谐振腔内无光学镜片，具有免调节、免维护、高稳定性的优点，能胜任恶劣的工作环境；高的电光效率，综合电光效率高达 20% 以上，大幅度减少工作时的耗电，降低运行成本，是传统激光器所无法比拟的；光纤激光器采用光纤导出，使得激光器能轻易胜任各种多维任意空间加工应用，使机械设计变得非常简单；加上光纤技术成熟，光纤的良好的抗挠曲性都带来光纤激光器的小型化、集约化优势。"

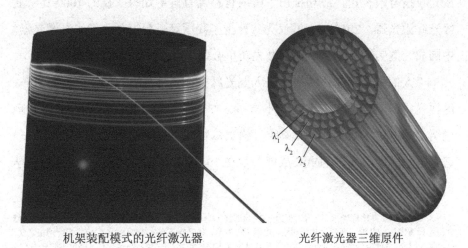

机架装配模式的光纤激光器　　　　　　光纤激光器三维原件

"近期国内外对于光纤激光器的研究方向和热点主要都集中在高功率光纤激光器、高功率光子晶体光纤激光器、窄线宽可调谐光纤激光器、多波长光纤激光器、非线性效应光纤激光器和超短脉冲光纤激光器等几个方面。"

"那都有什么新进展呢？"星儿问道。

"光纤激光器的发展速度越来越快，不仅种类繁多，而且能耗小、功率极高。在 2012 慕尼黑上海光博会上，光纤激光器成为绝对主角。美国 Newport 集团最近研制的 Quasar 高功率紫外激光器，应用领先的光纤混合型激光器结构设计，具有高重复频率、领先的高功率紫外输出等特点，成为制造领域高产能、高精度激光加工的最佳选择。"

"那么我们国家呢？"量子一直很关心祖国的科技发展。

"我国科学家也在积极进行这方面的研究，多个高校和研究所都投入大量的精力来进行实验开发，可谓是百花齐放，百家争鸣。2009 年，中国科学院研制的全光纤激光器的输出功率已经超过 1000 瓦。2011 年，国防科学技术大学研制成功我国首台"千瓦级光纤激光相干合成试验系统"，该系统首次实现了光纤激光千瓦级相干合成输出，输出总功率达 1.5 千瓦，而此前国际上此类系统的最大输出功率仅为 725 瓦。2012 年，西安中科梅曼激光科技有限公司，成功推出了国内首台拥有自主知识产权的 1000 瓦工业级光纤激光器。2013 年，武汉光谷诞生了我国第一台万瓦连续光纤激光器，中国成为继美国后第二个掌握激光功率合束核心技术的国家。"

"人们将光子晶体的概念引入到光纤中，再将其引入到激光器的范畴，这样光纤激光器的内容就更加丰富了。你们都知道，2009 年的诺贝尔物理学奖是颁给了华裔物理学家高锟[1]，诺贝尔物理学奖评选委员会主席约瑟夫·努德格伦解释了高锟的重要成就：早在 1966 年，高锟就取得了光纤物理学

1　高锟，华裔物理学家，生于中国上海，祖籍江苏金山（今上海市金山区），拥有英国、美国国籍并持中国香港居民身份。高锟为光纤通信、电机工程专家，华文媒体誉之为"光纤之父""光纤通信之父"（Father of Fiber Optic Communications），曾任香港中文大学校长。2009 年，与威拉德·博伊尔和乔治·埃尔伍德·史密斯共享诺贝尔物理学奖。

上的突破性成果，他计算出如何使光
在光导纤维中进行远距离传输，这项
成果最终促使光纤通信系统问世，而
正是光纤通信为当今互联网的发展铺
平了道路。"

"其实不止在通信、互联网领域，
光纤技术也为激光器的发展带来了新
鲜的血液，光纤激光器的明天也是非
常灿烂的。总之呢，光纤激光器具有
其他激光器无可比拟的技术优越性。
在短期内，光纤激光器将主要聚焦在
高端用途上，随着成本的降低及产能
的提高，光纤激光器有望取代当前世

高锟

界上大部分高功率 CO_2 激光器和绝大部分 YAG 激光器，成为应用最广的
激光器。"

"好啦，今天就到这里，明天见！"与同学们告别后，光子精灵很快消
失了。

第三十二天　小巧高效的半导体激光器

新的一天，大家都集合在公园中。量子若有所思地问光子精灵："昨天，
物理老师上课的时候带了一支激光笔，给我们演示 PPT。大家都觉得很好
玩。课后老师告诉我们其实这就是一个半导体激光器。光子精灵，你能不
能给我们讲一下半导体激光器的知识啊？"

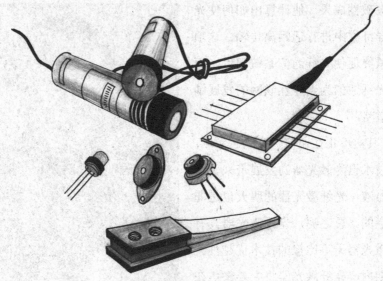

各式各样的半导体激光器

"既然大家这么感兴趣,那我就给大家讲讲半导体激光器吧!"光子精灵说道,"半导体激光器(Semiconductor Laser)也叫半导体激光二极管或者激光二极管,它的主要器件都被分立地封装在护套里面,这样不仅可以保护管芯,完成电气的互联,还能完成输出电信号,保护管芯的正常工作。

星儿问:"光子精灵,难道这就是半导体激光器与传统激光器的不同吗?那么半导体激光器是怎样工作的呢?"

光子精灵说:"这只能说是外部结构上的不同。半导体激光器以半导体介质为工作物质,通过一定的激励方式,利用电子在能带间跃迁发光,以半导体晶体的自然解理面形成两个平行反射镜面作为反射镜,组成谐振腔,使光振荡、反馈,产生光的辐射放大,输出激光。"

"听起来和一般激光器的发光原理是一样的。"乔乔小声地说。

"从大的方面说是一样的,但由于半导体激光器的两个反射面是由半导体的物理解理面而非两个反射镜面组成,结构上的不同导致性能上出现更大的差异。"

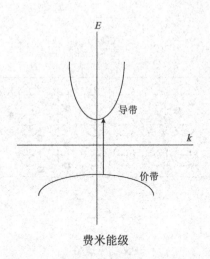

费米能级

"从形成机理上说，电子由于概率分布会占有多个能级，电子占据的能级定义为能带，其中不被占有的能级称为费米能级。在孤立晶体中，位于费米能级之上的带是空带，在空带中能量较低的称为导带。费米能级之下的带是满带，在满带中那些能量最高的称为价带。在晶体中掺入某些杂质，就可能得到不完全空的导带或不完全满的价带，导带中会存在少数电子，而价带中会有若干空穴，空穴和电子合称为载流子。"

"在半导体材料中，如果电子比空穴多，这时主要依靠电子导电，称为N型半导体。如果半导体中空穴比电子多，主要依靠空穴导电，则称为P型半导体[1]。半导体激光器发光的核心部分就是由P型和N型半导体组成的PN结管芯。电子由导带迁移到价带，称为电子与空穴的复合，形成PN结，复合释放能量，就会发光。以半导体晶体的自然解理面组成的谐振腔使光振荡输出。"

---

1 N型：negative；P型：positive。

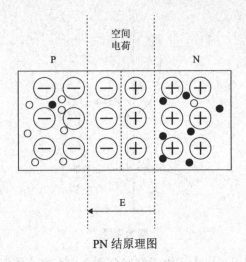

PN 结原理图

"在半导体激光器的工作区域内，初始时是电子自发跃迁与空穴复合，产生相位、方向并不相同的光子。大部分光子一旦产生就会穿出 PN 结去，但还有少部分光子继续在 PN 结内穿行，在 PN 结平面内行进较长的距离，因此能够激发出许多相同的光子（为同态光子）。由于半导体介质有较高的反射率，这些光子在两个平行的端面之间不断地来回反射，形成光放大，输出垂直于平行端面的激光。"

"同学们，你们说半导体产生受激光放大的条件是什么呢？"光子精灵又开始发问了。

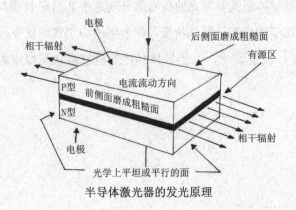

半导体激光器的发光原理

联想到一般激光器的光放大条件，同学们觉得肯定还是与电子和空穴数目有关的，阿力说："是不是需要电子数目与空穴数目一致才行啊？"

光子精灵问："那这样能保证所有的电子都会与空穴复合吗？是不是能最大限度地产生辐射呢？"

果儿回答说："不能，应该要电子多一些才能最大限度地产生辐射。"

光子精灵说："对，半导体激光器产生受激光放大的条件就是导带能级上电子数应该大于价带能级上电子数，这样就能形成粒子数的反转。"

"当然阈值功率也要大于损耗才能让激光顺利输出。这样看呢，半导体激光器要想产生激光也要满足一般激光器输出激光的条件，但它是唯一仅改变通过器件的电流就能将光输出进行千兆赫量级调制的器件，它把半导体器件的 PN 结特性与激光器的基本量子电子学概念结合了起来。"

星儿问道："那么半导体激光器的应用应该很广泛了？你给我们讲讲呗。"

光子精灵说："半导体激光器技术在近代得到了长足的发展，其输出波长一般在 0.32 ～ 30 微米，这已经很宽了！半导体激光器还有体积小、重量轻、运转可靠、寿命长、性价比高、电光效率高等优点，广泛应用于信息存储和光纤通信等方面。"

光子小札

半导体激光器中常用的材料有砷化镓（GaAs）、硫化镉（CdS）、磷化铟 (InP)、硫化锌 (ZnS) 等。半导体激光器一般可分为同质结、单异质结、双异质结、量子阱等几种。同质结激光器和单异质结激光器室温时多为脉冲器件，而双异质结激光器室温时可实现连续工作。量子阱半导体大功率激光器不仅在精密仪器零件的激光加工方面有重要应用，同时也是固体激光器最理想的高效率泵浦光源。

了解完半导体激光器，光子精灵接着说："明天我要带你们去一

个地方——欧洲粒子物理研究所(European Organization for Nuclear Research,CERN)，咱们去看看大型强子对撞机 (Large Hadron Couider,LHC)。明天再见吧。"

第三十三天　大家伙粒子加速器

　　等大家聚集到一起，光子精灵便施展魔法，大家瞬间就来到欧洲瑞士日内瓦——世界上最大的强子对撞机所在地。大家看着眼前这个望不到边际的庞大仪器，不禁感叹："这就是大型强子对撞机啊！"

　　光子精灵答道："是的。大型强子对撞机不仅是世界上最大的粒子加速器，同时也是世界上最大的机器。整个粒子加速器位于瑞士、法国边境地区的地下 100 米深的环形隧道中，全长 26.659 公里，建设耗资超过 60 亿美元。它能标示从几个电子伏特上升到万亿电子伏特的过程，犹如一趟奇异的旅行，经历一个个截然不同的世界：从能标最低的化学和固态电子学（几个电子伏），到能标中等的核反应（百万电子伏），再到物理学家已经持续探索了半个世纪之久的粒子物理世界（十亿电子伏）。科学家希望借助这台世界上最大的粒子加速器揭开宇宙起源的奥秘。"

　　光子精灵接着说道："近一二十年来，加速器在材料科学、表面物理、分子生物学、光化学等其他科技领域都有着重要应用，在工、农、医各个领域中广泛用于肿瘤诊断与治疗、同位素生产、无损探伤、高分子辐照聚合、射线消毒、材料辐照改性、空间辐射模拟、核爆炸模拟等方面，远远不再局限于原子物理或者粒子物理领域了。世界各地已建造了数以千计的粒子

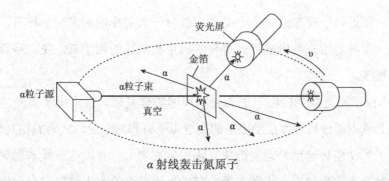

α 射线轰击氮原子

光子小札

卢瑟福用 α 射线轰击氮原子，首次实现了元素的人工转变，从那以后人们开始利用粒子加速器、电子对撞机等来研究细胞、分子、原子和原子核。人们应用粒子加速器发现了绝大部分的新的超铀元素，合成了上千种新的人工放射性核素，系统深入地研究原子核的基本结构及其变化规律，使原子核物理学迅速发展成熟；利用高能加速器，人们又发现了重子、介子、轻子和各种共振态粒子在内的几百种粒子，建立了粒子物理学。

加速器，其中除一小部分用于原子核和核工程研究方面外，大部分用于其他方面，像化学、放射生物学、放射医学模拟宇宙辐射和模拟核爆炸等。"

果儿问道："那么大型强子对撞机也是用于基础研究的了？"

光子精灵回答说："是的，粒子加速器按其作用原理不同可分为静电加速器、直线加速器、回旋加速器、电子感应加速器、同步回旋加速器、对撞机等。按照粒子能量的大小，加速器可分为低能加速器（能量小于 10^8 电子伏）、中能加速器（能量在 $10^8 \sim 10^9$ 电子伏）、高能加速器（能量在 $10^9 \sim 10^{12}$ 电子伏）和超高能加速器（能量在 10^{12} 电子伏以上）。目前为止，粒子加速器的最高能量是由欧洲大型强子对撞机产生的。两束能量为 3.5 太电子伏的质子束相互碰撞，能量高达 7 太电子伏。"

"粒子加速器通常都有三个主要结构：粒子源，用以提供所需加速的粒子，这些粒子可以是电子、正电子、质子、反质子及重离子；真空加速

系统，保证粒子在加速时不会受到空气分子散射作用的影响；导引、聚焦系统，用特定形态的电磁场来引导并约束被加速的粒子束，使之沿着预定轨道加速。"

"粒子加速器是自由电子激光实现的物理基础。自由电子激光的物理原理是利用通过周期性摆动磁场的高速电子束和光辐射场之间的相互作用，使电子的动能传递给光辐射而使其辐射强度增大。利用这一基本思想而设计的激光器称为自由电子激光器。自由电子激光的产生过程中没有传统意义上的介质，不需要实现粒子数反转，不依赖于受激发射。"

"由于自由电子激光器中的电子需要具有相对论速度，产生这样速度的电子通常是极为复杂的事情，所以世界上的自由电子激光器数量极为有限。世界上第一台软 X 射线自由电子激光于 2006 年诞生于德国同步加速器实验室（DESY），第一台硬 X 射线自由电子激光（LCLS）也于 2009 年在美国斯坦福直线加速器中心（SLAC）调试成功。中国科学院上海应用物理研究所在几年前建设了我国第一台自由电子激光器，目前大连启动"基于可调极紫外相干光源的综合实验研究装置"项目，它将成为国际上唯一的一套工作在 50 ～ 150 纳米且波长可调的全相干高亮度的自由电子激光器。"

乔乔问："这么说我国的粒子加速器水平也很厉害呀！"

光子精灵回答说："当然啦，我们国家的科技什么时候落后了呢？国际上建设粒子加速器如火如荼，我国自 20 世纪 80 年代以来也陆续建设了四大高能物理研究装置 —— 北京正负电子对撞机、兰州重离子加速器、合肥同步辐射装置和上海同步辐射光源。"

"北京正负电子对撞机是一台可以使正、负两个电子束在同一个环里沿着相反的方向加速，并在指定的地点发生对头碰撞的高能物理实验装置。它始建于 1984 年 10 月 7 日，历时四年完全建成，包括正负电子对撞机、北京谱仪（大型粒子探测器）和北京同步辐射装置。"

"兰州重离子加速器是我国自行研制的第一台重离子加速器，同时也是我国到目前为止能量最高、可加速的粒子种类最多、规模最大的重离子加速器，是世界上继法国、日本之后的第三台同类大型回旋加速器，1989年11月投入正式运行，主要指标都达到了国际先进水平。中国科学院近代物理研究所的科研人员利用这台加速器成功地合成和研究了10余种新核素。"

"合肥同步辐射装置以研究粒子加速器后光谱的结构和变化入手，从而推知这些粒子的基本性质。它始建于1984年4月，五年后正式建成，迄今已建成5个实验站，接待了大量国内外用户，取得了一批有价值的成果。"

"上海同步辐射光源是一台高性能的中能第三代同步辐射光源。它是我国迄今为止最大的大科学装置和大科学平台，是目前世界上性能最好的第三代中能同步辐射光源之一，在科学界和工业界有着广泛的应用，每天能容纳数百名来自全国或全世界不同学科、不同领域的科学家和工程师，为他们提供基础研究和技术开发的平台。"

"原来我国也有这么多先进仪器设备！"大家纷纷议论起来。

光子精灵说："是啊，在现代科技的竞争中，只有抢占制高点才能成为

我国四大高能物理研究装置

科技上的强国。用加速器产生的电子束或X射线进行辐照加工工艺广泛应用于聚合物交联改性、涂层固化、聚乙烯发泡、热收缩材料、半导体改性、

木材-塑料复合材料制备、食品的灭菌保鲜、烟气辐照脱硫脱硝等加工过程。经辐照生产的产品,其电学性能、热性能与其他方面的特性都有很大提高。在不损伤和不破坏材料、制品或构件的情况下,用射线既可检查工件表面又可检查工件内部的缺陷。以电子直线加速器为主要机型的探伤加速器,在大型铸锻焊件、大型压力容器、反应堆压力壳、火箭的固体燃料等工件的缺陷检验中得到广泛的应用。"

"在农业中,一些国家普遍使用已有明显经济效益:一是辐照育种,经过辐照育种后的产品具有高产、早熟、矮秆及抗病虫害等优点;二是辐照保鲜,这是一种新保鲜技术,可延长食品的供应期和货架期;三是辐照杀虫、灭菌,利用加速器产生的高能电子或 X 射线可以杀死农产品、食品中的寄生虫和致病菌,这不仅可减少食品因腐败和虫害造成的损失,还可提高食品的卫生档次和附加值。"

"加速器在医疗卫生中的应用促进了医学的发展和人类寿命的延长。我们熟知的放疗(恶性肿瘤放射治疗)是在加速器的各种应用领域中数量最大、技术最为成熟的一种。现代医学广泛使用放射性同位素诊断疾病和治疗肿瘤,临床应用的同位素,2/3 是由加速器生产的;利用加速器对医用器械、一次性医用物品、疫苗、抗生素、中成药的灭菌消毒是加速器在医疗卫生方面应用的一个有广阔前途的方向。"

天渐渐暗下来,光子精灵施展魔法将大家带回公园。大家依依不舍地道别之后,各自散去。

第六章

光的魅力展示

第三十四天　激 光 通 信

新的一天，同学们依旧兴致勃勃，聚在一起听光子精灵讲述未知世界的神奇。光子精灵问道："我们谈了这么多激光的相关知识，那在我们身边激光都有哪些应用啊？"

话音刚落，阿力最先举手说道："电影上很多太空大战情节都有激光的出现！"

"我家的宽带网络就是用激光传递的。"量子答道。

光子精灵："你们说的都对。在激光出现的五十多年时间里，其发展极为迅速，在很多领域都能看见它的身影。量子所说的光纤宽带就是激光在信号传递方面的应用，是激光通信的一个重要应用方向。"

"激光通信？听起来挺有意思的。光子精灵你给我们详细说说吧。"果儿接道。

"好的。所谓的激光通信是以激光光波为载体的通信。依据传输介质的不同，主要分为光纤通信、大气激光通信、空间通信和水下通信四类，其中最常见、发展最成熟的是大气激光通信和光纤通信。"光子精灵答道。

"那么激光到底是怎么传播信息的呢？"量子问道。

光子精灵说："其实我们日常生活中就有光无线传播信息的实例。家庭用的红外遥控器就是利用波长为 0.76 ～ 1.5 微米的近红外线来传送控制信

号的。遥控器的发射部分是一只特殊的发光二极管，在其两端施加一定电压时，它发出的是红外线而不是可见光。将遥控器对准电视机的接收器进行命令控制时，遥控器上的发射端将控制信息编码调制成红外线发射出去，在电视机的接收端将光信号接收、放大、解码，得到原先的控制信号，把这个电信号再进行功率放大来驱动相关的电气元件，实现无线的遥控。"

光子小札

信息传递方式的变革：

（1）古代，人们用烽火、驿站等来传递信息。

（2）近代，主要用电话（电磁波有线传输）、电报（电磁波无线传输）来进行信息传递。

（3）现在，主要用电磁波和光来传递信息。特别是以激光为载体的光通信网络的成熟，带来了社会通信方式的巨变。

"原来遥控器是这样工作的，没想到我们轻轻按下的瞬间，遥控器和电视内部的元件已经完成了这么多工作呀！"星儿说。

遥控器的红外传输

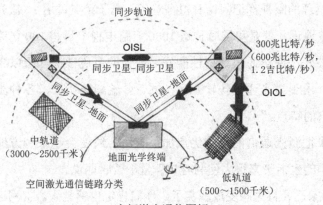

同步轨道

OISL

300兆比特/秒
（600兆比特/秒,
1.2吉比特/秒）

同步卫星-同步卫星

同步卫星-地面

同步卫星-地面

OIOL

中轨道
（3000～2500千米）

地面光学终端

空间激光通信链路分类

低轨道
（500～1500千米）

空间激光通信图解

光子精灵接着说："激光通信系统也是一样的，包括发送、传输介质和接收三个部分。发送部分主要有激光器、光调制器和光学发射天线。传输介质可以是空气、真空、水、光纤等。接收部分主要包括光学接收天线、光学滤波器、光探测器。要传送的信息送到与激光器相连的光调制器中，光调制器将信息调制在激光上，通过光学发射天线发送出去。在接收端，光学接收天线将激光信号接收下来，送至光探测器，光探测器将激光信号变为电信号，经放大、解调后变为原来的信息。"

光子精灵挥动手上的魔棒，一幅激光通信的空间立体图展现在了大家面前。光子精灵微笑着说："空间激光通信发挥了激光通信的优点。大家能从这幅空间激光通信图中看出激光通信有哪些优点吗？"

星儿若有所思地说："空间激光通信不需要架设导光光缆，传输的信息容量好像非常大，可以达到600兆比特/秒甚至1.2吉比特/秒。"

光子精灵点了点头说道："是的，激光通信的大容量是普通无线电通信方式远不能比拟的。激光通信还有什么其他优点吗？"

阿诺小声地说道："激光的方向性特别强，这是不是说明激光通信的保密性特别好啊？"说完满怀希望地看着光子精灵。

光子精灵微笑地点了点头："阿诺能这么说，说明他真的把激光的一些知识学活了。以后大家也要向阿诺学习，把学过的东西融会贯通。"

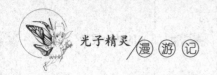

大家崇拜的眼神都把阿诺看得害羞了。光子精灵说道："激光的通信容量大，形象地说，就是可同时传送 1000 万路电视节目和 100 亿路电话；激光的方向性好，使得通信保密性能好；激光的单色性好，所以激光通信的通道很多。由于激光通信传输介质不同、传输距离不同，各种激光通信方式都有各自的特点。"

"如果把激光通信的这些优点加以利用，通信会越来越方便快捷，一定能给人们的生活带来很大便利呀！"量子赞叹地说。

"科学家已经将这些变成现实了，你们肯定也感觉到，上网速度越来越快，越来越便捷，这些都是光通信带来的巨变。好了，明天我们一起学习激光的大气通信吧！"

第三十五天　大气激光通信

待大家聚集到一起后，光子精灵用魔棒吹出一个个泡泡，将大家都悬浮在空中。看着脚下的城市，同学们感到既惊恐又兴奋。光子精灵说："今天我给大家介绍一下大气激光通信。所谓大气激光通信，就是以大气为传输媒介的激光通信。这本质上也是一种无线通信。早期的大气激光通信所用光源多数为 CO_2 激光器、He-Ne 激光器等。CO_2 激光器输出激光的波长为 10.6 微米，此波长正好处在大气信道传输的低损耗窗口之一，一度是较为理想的通信光源。现在主要应用的是半导体激光器。"

"那大气激光通信都有什么特点呢？"量子问道。

光子精灵说："大气激光通信具备新型通信技术的'无线'和'宽带'两方面的优势，不需要铺设传输线，就能向着指定方向，在几十米到几十公里的范围内进行有效通信，带宽能达到兆比特 / 秒数量级。"

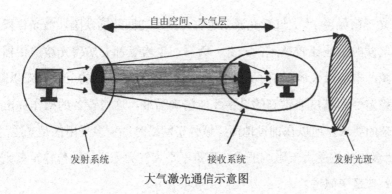

自由空间、大气层

发射系统　　　　　接收系统　　　　发射光斑

大气激光通信示意图

"激光良好的方向性让大气激光通信天然地具有高保密性。大气激光通信是一种'点对点'的通信方式，多采用红外不可见的 1550 纳米波长信道光，在空中传输的链路中很难被发现。激光束很窄，要在中途截获信道光很困难，由于是直线式的链路，信道光被截获会影响通信的通畅，很容易被察觉。光信号本身也可以加密，因此大气激光通信有非常高的保密性。"

"大气激光通信还具有其他通信方式不具备的优点：在某些不具备铺设线缆条件或原有通信线路被破坏，难以立即恢复的环境中，如高速公路、河流、拥挤的城区，地质灾害现场、人为意外灾害现场等，由于是无线通信，它可随意移动到任何地点并可以有效实现移动沟通；在从光纤骨干网到用户之间的"最后一英里"和临近局域网之间，铺设光缆，花费大且耗时，大气激光通信提供了一种快速、灵活、高带宽的解决方案；一些大型的集会（如运动会、庆祝会等）需要快速建立临时链路用于现场通信，也采用大气激光通信进行快速的部署；大气激光通信装置结构轻便，设备经济，由于激光束发散角小、方向性好，激光通信所需的发射天线和接收天线都可以做得很小，一般天线直径为几十厘米，重量不过几公斤，而功能类似的微波天线，重量则达几吨、十几吨，大气激光通信系统要比同容量的无线电通信系统节约成本 1/10 ～ 1/3。"

"这么看来，大气激光通信确实很有利用前景，那怎么我们更多的是用光缆来传输信息呢？"果儿不解地问。

光子精灵说："大气激光通信也有自身不能回避的缺陷，激光传播受大气和气候的影响比较严重，云雾、雨雪、尘埃等都会妨碍光波的传播，能量衰减严重，极大地影响了通信距离；激光束有极高的方向性，难以瞄准，需要稳定性和精度非常高的设备才能精确瞄准，这对设备的操作提出了更为复杂的要求，所以在铺设地面广域骨干网络时，更多采用的是光缆。"

"激光传输受大气影响严重，那是不是大气激光通信的传输距离比较有限呢？"量子问道。

光子精灵说："是的，大气激光通信可以传送电话、数据、传真、电视和可视电话等，主要用于地面间短距离通信、短距离内传送传真和电视、导弹靶场的数据传输和地面间的多路通信、通过卫星全反射的全球通信和星际通信，以及水下潜艇间的通信。"

"咦，既然传播距离有限，那怎么还能实现星际通信和卫星通信呢？"乔乔很是不解。

光子精灵回答说："这就是激光的空间通信。在地面上，由于建筑物等的阻碍，加上地球本身是圆的，激光不能弯曲，所以只能进行短距离传输，而在高空传输时，激光的优异特性可以得到最大程度的发挥。20 世纪90 年代以来研制和发展的激光通信系统功能强、技术复杂、自动化程度高，实现了容量为 2.5 兆比特 / 秒的地面到卫星的通信，还能实现激光通信与无线电通信相互转换，在大气状况不理想时，用无线电通信，其他时间则采用大气激光通信。"

"原来如此，看来发挥大气激光通信的长处，才能构建更完美的通信网络呀！"乔乔说。

光子精灵："是的，无论做什么，都要扬长避短。明天我们去学习激光的有线通信 —— 光纤通信。"

第三十六天　光纤通信

这一天,大家聚集在公园里。星儿愁眉不展的表情引起了大伙的注意。量子便问道:"星儿你这是怎么了啊?有什么不开心的事吗?"

星儿无奈地说:"最近在家用电脑看《探索与发现》节目,可是网速太慢,看得真纠结啊!"

果儿说道:"我家前几天才换了10兆宽带,网速可快了,看电影一点也不卡。"

"看来我得和我爸妈说一下要换个宽带了啊!这2兆的宽带实在是太慢了。"星儿答道。

光子精灵悄然出现,笑着说道:"你们刚才讨论的宽带问题其实是和光纤通信有密切关联的哦!"

"光纤通信?就是用光纤来传播信息的吗?"星儿第一个发问。

"星儿真是个小机灵啊!是的,光纤通信就是以激光作为信息载体,以光纤为传输媒介的一种'有线'通信方式。从理论上讲,一根仅有头发丝粗细的光纤可以同时传输1000亿个话路,实验上用一根光纤同时传输24万个话路已经取得成功,比传统的明线、同轴电缆、微波等要高出几十乃至千倍以上。一根光纤的传输容量尚且如此巨大,而一根光缆中可以包括几十根甚至上千根光纤,如果再加上波分复用技术把一根光纤当作几根、几十根光纤使用,其通信容量之大就更惊人了。"光子精灵答道。

"光纤传输信息的能力这么强啊!"大家都不由得惊呼起来。

"是呀,光纤大容量、宽频带、损耗小的特点极大地满足了现代通信网络的需求。全世界有85%以上的信息(语音、图像、数据)都是用光纤传输的。光纤以其传输频带宽、抗干扰性高、耐腐蚀、信号衰减小、传输距离长、成本低、方向可控等优点,被各国大力应用和推广,各国已经将'光

纤入户'纳入国家战略。进入 21 世纪后,网络业务的迅速发展和音频、视频、数据、多媒体应用的增长,对大容量、超高速和超长距离的光波传输系统和网络有了更为迫切的需求,光纤通信也成了通信发展的必然方向。"光子精灵说。

"那激光是怎么在光纤中传播的呢,用光纤传输信息还能满足保密性的需求吗?"果儿问道。

"说到它的原理,那还要先给大家讲一个知识 —— 光的全反射。大家都还记得光的反射和折射原理吧?"光子精灵反问道。

"当然记得,就是光从一种介质入射到另一种介质时,一部分光会反射回原来的介质中,另一部分光折射到第二种介质中。"星儿抢答道。

"星儿答得不错。所谓的全反射就是光从光密介质入射到光疏介质时,所有的光都反射回原介质,没有折射光。这个只需要满足一定的条件就可实现。光纤通信就是用到了这个原理,由于纤芯的折射率大于包层的折射率,信号光在光纤内部传播时,会在光纤内壁上发生全反射,使得光信号全部反射回光纤中继续向前传播,光信号损耗很低,可以传输很远的距离,实现长距离的通信。而且,由于光在光纤中传输时被限制在纤芯区域,基本上没有光"泄露"出去,所以其保密性能极好。"光子精灵回答。

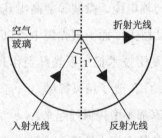
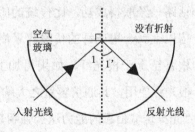

光的全反射

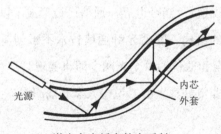

激光在光纤中的全反射

"那光纤通信具体是怎么实现的呢？"果儿继续发扬打破砂锅问到底的精神。

"这可真是个好问题，我来给大家看一下它的原理图吧。"说着光子精灵魔棒一挥，大家眼前出现了一幅光纤通信系统的组成图。

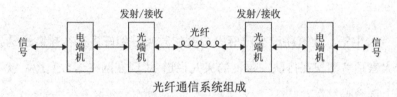

光纤通信系统组成

"你们看，当进行信号传输时，在发送端把要传送的信息变成电信号，调制到激光器发出的激光束上，使光的强度随电信号的幅度（频率）变化而变化，通过光纤发送出去；在接收端，光检测器收到光信号后把它变换成电信号，解调后恢复原信息。现阶段光纤通信已经实现 2000 ～ 5000 千米的无中继传输。光纤通信正在向着大容量、宽带化，以及超长距离的方向发展。"光子精灵说得清清楚楚，大家也听得明明白白。

光子小札

水下通信在激光出现后也得到迅速发展，0.48 微米左右的蓝绿光是水下激光通信的通信"窗口"，在海水中的穿透深度可达 600 米。

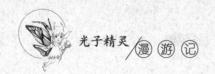

光子精灵继续说道：“当今世界，通信已经形成了以光纤通信为主，微波、卫星通信为辅的格局。随着光纤通信技术不断创新，光纤到户、到桌面的一种高速、安全和低价的“全光网”即将实现！”

光子精灵的话非常鼓舞人心，说得大家心潮澎湃。

第三十七天　量子保密通信

今天中午，大家路过县政府办公楼的时候看到好多人在排队投选票。看着大家顶着烈日在排队，善良的果儿说道：“现在网络这么发达，就不能在网上选举吗？”

“不行的，网络选举很容易出现替代或者作假的情况。”量子回答道。

“量子说得没错。不过有一种技术可以解决果儿提出的问题。在2007年瑞士日内瓦地方议会的选举中，官方使用了量子投票方式来保护公民选票，并取得了成功，这是第一次将量子通信这种先进的密码机制应用到投票中。从那以后，量子保密通信也越来越受到人们的关注和重视。”光子精灵答道。

“量子通信？听起来好玄乎啊！”星儿说道。

“听上去是挺玄乎的。为了让你们能充分理解，我先给你们讲讲量子计算机的概念吧。计算机的主要功能就是进行数据计算处理和信息存储等。量子计算机也不例外，但它实现的是量子计算，是遵循着量子力学规律进行高速数学和逻辑运算、存储及处理量子信息的物理装置，能同时处理用单个原子和光子等微观物理系统的量子状态存储的多个信息。世界上第一款商业量子计算机 D-Wave Two，运行速度是普通计算机的 3600 倍。"光子精灵回答。

"那量子计算机都有什么特点呢？"阿诺问道。

光子精灵说："量子计算机可以用来做量子系统的模拟，精确地研究量子体系的特征；量子计算机还可以同时进行上百万次的运算，而目前普通计算机只能逐条计算，运算速度比后者高出逾 10 万亿倍，这个潜在的功能使得量子计算机可以破解包括世界各地银行、政府和军队所设定的最安全的密码，目前世界上没有任何技术可以抵挡量子计算机的解密攻击。因此，美国国家安全局斥资约 7970 万美元（约合 4.8 亿元人民币）进行一项代号为'渗透硬目标'的研究项目，其中一项是研发量子计算机，破解加密技术。我国也在攻克量子计算机项目，积极研究量子计算机解密的防御系统！"

> **光子小札**
>
> 　　2012 年诺贝尔物理学奖授予了法国物理学家塞尔日·阿罗什和美国物理学家戴维·维因兰德，以表彰他们在量子物理学方面的卓越研究。这两位物理学家用突破性的实验方法使单个粒子动态系统可被测量和操作。他们独立发明并优化了测量与操作单个粒子的实验方法，而实验中还能保持单个粒子的量子物理性质，这一物理学研究的突破在之前是不可想象的。这成为现代量子信息学的基础。

"那量子通信又是怎么回事呢？"乔乔问道。

光子精灵说："量子通信是近二十年发展起来的新型交叉学科，是量子论和信息论相结合的新的研究领域。量子通信最初的设想是：先提取原物的所有信息，然后将这些信息传送到接收地点，接收端根据这些信息选取与构成原物完全相同的基本单元（如光子），制造出与原物一样的复制品，从而完成信息的传递。在这个过程中，任何第三方都不能获取其中的信息。然而，量子力学的不确定性原理不允许精确地提取原物的全部信息，所以

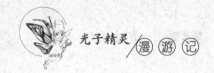

接收端的复制品不可能是完美的。因此,长期以来,隐形传送一直无法实现。随后,科学家们又提出了量子与经典相结合的方式来实现隐形传送。其基本思想是:将原物的信息分成经典信息与量子信息两部分,它们分别经由经典通道与量子通道传送给接收者。量子信息是发送者在测量里未提取的其余信息,经典信息是发送者对原物质进行某种测量而获得的。得到这两种信息后,接收者便可以完美复制出原物。"

"量子通信主要涉及量子密码通信、量子远程传态和量子密集编码等,近来这门学科已逐步从理论走向实验,并向实用化发展。用光量子电话网,虽然跟平常打电话一样,却不用担心被窃听,相互之间通话绝对安全。量子通信采用的是"一次一密"的加密方式,两人通话期间,只有拥有网络公关(EPR)对的双方才可能完成量子信息的传递,任何第三方的窃听者都不能获得完全的量子信息,而且密码机每分每秒都在产生密码,牢牢'锁'住语音信息。"

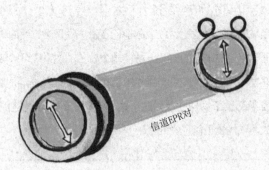

信道EPR对

量子信息传递原理

"量子通信具有高效率和绝对安全等特点,因此成为国际上量子物理和信息科学的研究热点。一支意大利和奥地利科学家小组宣布,他们首次识别出从地球上空 1500 公里处的人造卫星上反弹回地球的单批光子,实现了太空绝密传输量子信息的重大突破。这一突破表明,在太空和地球之间可以构建安全的量子通道来传输信息,用于全球通信。"

光子精灵说完问道:"你们知道世界上速度最快的是什么吗?"

"应该是光了吧，光速被称为极限速度呢！"量子回答说。

光子精灵说："那信息传递的速度也不会大于光速喽？"

"应该是的，任何传输方式的速度都不会大于光速。"量子犹豫地回答。

光子精灵说："一般认为光速已经是信息传递的极限速度了，量子通信的出现给人们带来了寻找更快速信息传输的希望。量子超光速通信实现了人们的梦想：量子超光速通信的线路时延可以为零，实现了最快通信传递的过程不会为任何障碍所阻隔而且它完全环保，不存在任何电磁辐射污染。"

"看来量子通信确实非同凡响呀！"大家纷纷竖起大拇指。

"事实上，基于光子技术的前沿科技还有很多呢，明天我们接着了解吧！"光子精灵结束了今天的旅程。

第三十八天　点亮世界的 LED

今天一早大家便聚集在公园里，可是一向不迟到的量子却没有来。正在大家纳闷时，只见量子从远处飞奔过来，气喘吁吁地来到大家面前，手里还拿着一个盒子。星儿便问道："这是什么东西啊？"

量子缓了一口气答道："我家卫生间的灯坏了，我爸让我去买个 LED 灯，这就是喽。"听完量子的话，大家便围观过来，想看看这个 LED 灯。

光子精灵说："既然大家对 LED 灯这么感兴趣，那今天我就给大家详细地介绍一下 LED 吧！你们知道 LED 灯和普通灯泡的不同吗？"

"LED 灯的灯泡很小，或者应该叫灯珠更合适，但是它的亮度一点儿也不差。用手靠近灯珠，也没有发热的感觉。灯珠能以任何方式排列，常常只见光不见灯，却可以营造非常好的灯光效果。"乔乔说得绘声绘色。

"我家的电视机显示屏就是 LED 的，所有的灯都是 LED 做的。听爸爸说这种灯很耐用，可以用好长时间的。"星儿兴奋地答道。

"是的，现在很多的显示屏和照明设施都用到了 LED，可以说是随处可见。那你们知道什么是 LED 吗？"光子精灵又开始发问了。

大家有的说这是一种灯泡，有的说这是一种发光材料，七嘴八舌都说不清楚。

光子精灵说："LED 是发光二极管（Light Emitting Diode）的编写，它是一种固态的半导体器件，还记得前面讲过的 PN 结吗？发光二极管的核心部分也是由 P 型半导体和 N 型半导体组成的晶片，晶片附着在一个支架上，一端连接电源的负极，另一端连接正极，整个晶片用环氧树脂等封装起来。在 P 型半导体和 N 型半导体之间有一个 PN 结。当给发光二极管加上正向电压后，空穴与电子复合，产生自发辐射的荧光，从而把输入的电能转换为光能。"

"那这种 LED 灯有什么特点呢？"果儿问道。

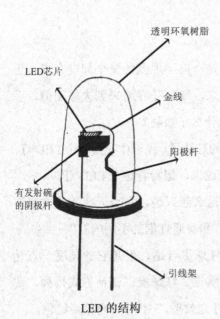

透明环氧树脂

LED芯片

金线

阳极杆

有发射碗的阴极杆

引线架

LED 的结构

光子精灵回答："LED 灯亮度高，寿命长，使用低压电源，更安全；LED 灯发出的光是冷光，在商场和超市使用 LED 灯能有效降低能耗，有助于环保；LED 灯光源颜色丰富，利用红、绿、蓝三基色原理，可混合产生很多种颜色的光，实现丰富多彩的动态变化效果和图像；LED 灯功耗低，相同的照明效果比传统光源节能 80% 以上，许多国家正在实施用 LED 灯取代传统灯的计划，以达到节能减排的目的。"

"小小的一个灯珠，怎么发光又亮

又好呢？"量子很是好奇。

"这主要是因为 PN 结中的电子和空穴复合效率很高，能持续不断地释放荧光。LED 灯珠都带有聚光作用，所以亮度很高。加上量子阱这一技术的使用，可以极大地增加复合效率。"

"量子阱？难道是量子掉进井里了？"星儿打趣地说。

"哈哈，量子阱是一种量子效应。量子阱是由交替生长的两种半导体材料薄层相间排列形成的、具有明显量子限制效应的电子或空穴的势阱。你们看，这就是量子阱的结构，看起来有点像夹心饼干，中间是很薄的一层半导体材料，两边是由另一种半导体材料组成的相对较厚的隔离层，使得载流子被限制在了量子阱内。"光子精灵说。

"LED 的半导体晶片由三部分组成，一端是以空穴为主的 P 型半导体，另一端是以电子为主的 N 型半导体，中间通常则是 1 ～ 5 个周期的量子阱。当电流通过导线作用于晶片时，电子和空穴就会被推向量子阱，在量子阱内复合，以光子的形式发出能量。如果将量子阱的上层制造得特别薄，就可迫使中间层产生的电子与空穴结合时，以变化的电场形式释放能量。电场的作用又能使邻近的量子点中产生新的电子和空穴，从而令它们结合并放出光子，这样便可提高载流子的复合效率，增加光输出能力。"

"这是不是说量子阱相当于内建电场，促进了空穴和电子的复合？"量子问道。

光子精灵说："可以这么认为。不仅如此，改变量子阱的厚度可以改变输出光的波长，得到人们想要的光源。这也是量子阱技术的一大优势。"

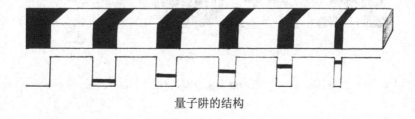

量子阱的结构

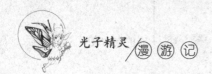
LED作为第四代新能源,因其集节能、环保、低碳于一身而受世界瞩目,可用于建筑物外观照明、景观照明、标识与指示性照明、室内空间展示照明、视频屏幕、车辆指示类照明、植物照明等,目前已经进入生活的方方面面!

"LED让我们的生活越来越精致了呀!"已经领略了LED风采的乔乔说。

"是的,LED不仅能用来照明,未来还可以用来上网呢!"光子精灵答道。

"LED还能用来上网?难道它能发射网络信号?"星儿稀罕地问道。

"哈哈,明天还在这等我,到时候你们就知道啦!"说完,光子精灵便离开了。

照明能源的更新换代

第三十九天 Li-Fi 技术

这天早上，光子精灵和大家如约聚集在公园里。量子兴奋地说道："昨天我在网上看到一款黄色的变形金刚模型，可帅气了。我给你们看看。"说完便拿出手机想要上网。可公园里没有无线网，这让大家很是无奈。

光子精灵看见这一幕笑着问道："大家经常使用 Wi-Fi 来上网，那 Wi-Fi 到底是什么呢？它是怎样传输数据的呢？"

量子回答说："Wi-Fi 就是无线上网，是一种无线网络传输技术。"

"那是不是我们在任何地方，都能通过 Wi-Fi 上网呢？"光子精灵接着问。

"不是的，必须在提供 Wi-Fi 热点的覆盖区域内，才能上网呢！"果儿回答。

光子精灵说："Wi-Fi 上网技术实际上就是把有线网络信号转换成无线信号，手机如果有 Wi-Fi 功能，在有 Wi-Fi 无线信号的时候就可以不通过移动、联通或电信的网络上网，省掉了流量费。但 Wi-Fi 无线信号不稳定、上网速度慢等问题日益凸显。"

"是呀，我在咖啡厅、机场等公共场所上网时，网络常常不稳定。"阿诺附和说。

光子精灵说："德国物理学家哈拉尔德·哈斯（Herald Haas）发明了一种新技术——可见光通信（VLC），它利用一束闪光来无线传输数字信息。这项技术被称为 Li-Fi 可见光通信技术，能将看不见的网络信号转换成'看得见'的网络信号。"

"那这种技术也是需要'热点'的呀，如果很多人同时上网的话，还是不能彻底解决上网速度慢的问题呀！"乔乔疑惑地说。

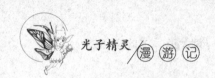

> **光子小札**　　可见光属于电磁光谱的一部分，光谱比无线电频谱大 1 万倍。Wi-Fi 利用了射频信号，而 Li-Fi 使用的是可见光谱，这意味着用这种可见光通信技术可以提供更大的网络带宽和更快的上网速度，潜力无限。据计算，Li-Fi 技术能带来高达 1 吉比特 / 秒的数据传输速度。

　　光子精灵说："科学家正在想办法将电灯泡变为宽带通信的设备——'热点'，目前正在致力于研究一种使用 LED 灯光的无线数据传输技术。通过给普通的 LED 灯泡加装微芯片，使灯泡以每秒数百万次的速度闪烁，就可以利用灯泡快速传输二进制编码，发送数据。灯泡的闪烁频率裸眼是看不见的，只有光敏接收器才能探测到，用户只需要处于 LED 灯光照射的范围内就能够使用无线网络。一盏植入芯片的特殊灯泡能够产生高达 150 兆比特 / 秒的数据传输速度，而一个功率为 1 瓦的 LED 灯泡足够为 4 台电脑提供网络连接。这意味着，只要你拥有电灯泡，就可以获得无线网络连接。"

　　量子问道："这么说，如果我回到家打开灯，我房间内的电脑、手机、电视、收音机等将可以通过灯光进行互连，而不再需要使用传统的连接线？"

　　"是的，不仅如此，任何路灯都可以成为互联网接入点。这个网络是可见的，在该网络下每一个 LED 灯都将成为一个访问点。这种无线网络最初的传输速度将会达到 10 兆比特 / 秒。"光子精灵回答说。

　　"但是可见光是不能穿透物体的，如果接收器被墙壁、树木等阻挡，信号将被切断，那就没有办法进行信号传输了呀！"阿诺问道。

　　"而且可见光也不能用来进行手机通信的！"阿力说。

　　光子精灵说："这是两个现实的问题，目前简单的临时解决办法是，如果光信号被阻挡，而你需要使用设备发送信息，你可以无缝地切换至射频信号。可见光通信并不是 Wi-Fi 的竞争对手，而是一种相互补充的技术。

目前，这种可见光通信已可以实现一些小范围应用。例如，可以在飞机中使用该技术，帮助手机和笔记本上网，另外在水下等无线电波无法传播的场所也能使用该技术。室内无线宽带连接将出现一种全新的技术 —— 无线光学数据传输技术（Li-Fi）！"光子精灵说。

"哇哦，到那时，凡是有灯光的地方都能实现连接，到处都是'热点'，上网也不会再拥堵啦！"星儿拍手说。

"是啊，相信大家以后的生活会越来越便利的。好啦，今天就到这里。明天见！"说完光子精灵便消失在暮色中了。

Li-Fi 技术

第四十天　超信息量的立体激光记录

这一天，光子精灵和大家一起聚在量子的家中看 DVD。结束之后，光

子精灵问道："大家知道为什么 DVD 可以存储这么多电影吗？"

大家你看看我，我看看你，都答不上来。

光子精灵看着大家说道："没关系，那我来给大家讲讲光盘存储的历史吧。"

"20 世纪 70 年代，光盘存储技术产生并迅猛发展。第一代光盘存储用砷镓铝（GaAlAs）半导体激光器，波长为 0.78 微米（近红外光），5 寸光盘的存储容量为 0.76GB，即 CD 系列光盘；第二代光盘存储用 GaAlInP 激光器，波长为 0.65 微米（红光），存储容量为 4.7GB，即数字多功能光盘（DVD）系列；第三代光盘存储使用 GaN 半导体激光器，波长为 0.41 微米（蓝光），存储容量可达 50GB，为高密度数字多功能光盘，即 HD-DVD 光盘（蓝碟）。20 世纪 80 年代后期出现的磁光盘（MO）技术和 90 年代初期出现的相变光盘（PC）技术也得到了飞快的发展，并且已经进入实用时期。可能大家觉得蓝光光盘太神奇了，竟然能存储那么多东西，其实啊，还有比蓝光光盘更神奇的东西呢——超级光盘。"

"超级光盘使用纳米技术存储海量信息，其大小和厚度与正常碟片无异。一枚蓝光碟片一般存储约 50GB 的信息，而超级 DVD 将可存储 10 000GB 的数据。这将令电影、音乐和数据的存储发生革命性的变化。"

"那光盘里的信息是如何刻入和读出的呢？"量子问道。

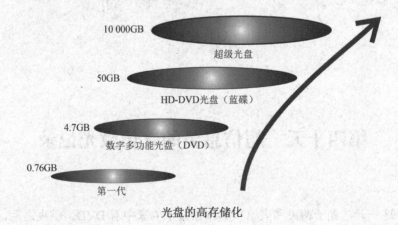

光盘的高存储化

光子精灵答道："光盘存储包括信息'写入'和'读出'两个过程。在信息的'写入'过程中，首先用待存储信息调制写入激光的强度，使激光聚焦在记录介质中，记录介质上有无物理、化学性质的变化就代表了信息的有无，从而完成信息的'写入'。而在信息的'读取'过程中，用低强度的稳定激光束扫描信息轨道，随着光盘的高速旋转，介质表面的反射光强度（或光的其他性质）随存储信息区域的物理、化学性质变化而发生变化。用光电探测器检测反射光信号并加以解调，便可取出所存储的信息。"

"激光信息存储技术未来的发展势头迅猛，"光子精灵接着说道，"但是科学从来不是一蹴而就的，要想掌握这些技术需要深厚的专业知识。大家现在的首要任务是努力学习，以后才能为这项事业贡献自己的力量。仰望星空很好，但更重要的是要脚踏实地，一步一步地来。"

"嗯，我们一定会努力的！"大家被光子精灵的话激励着，看着光子精灵离开的微光，暗暗下定决心，一定要攀登科学的高峰。

第四十一天　不用开刀的激光手术

又到了周末，光子精灵和大家在果儿的家里玩耍，无意间她看到一张病历单。便问果儿："你家里有人生病吗？"

柔弱可爱的果儿慢声细语地说道："我妈妈前段时间得了急性肾结石，到了医院，医生说要动手术。不过这次是用激光进行精确碎石的。到现在我还不知道激光是怎么做手术的呢？"

光子精灵眨了一下它那充满智慧的眼睛，说道："以前，如果身体里长了结石，医院都是用体外冲击波碎石方法，就是通过发射高能量超声波把

结石击碎变成很小的碎石颗粒，从而排出体外，但这种方法会造成软组织和器官的损害。"

"采用激光碎石方法（目前主要是钬激光碎石机），是用一根光纤通过血管或气管进入体内，在内窥镜的帮助下确定结石位置，然后激光发射能量使光纤末端与结石之间的水汽化，形成微小的空泡，继而激光的能量通过空泡传递至结石，使结石粉碎成粉末状，顺利排出体外。这种方法对人体的损害小，排除干净，深受患者喜爱。"

量子问："那为什么激光不是直接作用到结石上呢？激光具有能量，难道不担心激光误伤了正常组织和器官吗？"

光子精灵回答说："激光照到生物体的表面，一部分光穿过表面在生物体的内部发生了散射和吸收，另一部分光反射出去。由于人体组织对光的吸收、反射和透射的特性不同，人们在庞大的激光器家族中选择合适的光源来针对各种特定的应用。比如，上面的激光碎石治疗，就是利用生物体的主要成分是水的特性，一般选择在水的吸收峰附近的激光，如波长为2.1微米的钬激光、2.7～2.9微米的铒激光等，这样激光作用到目标组织上时，基本全部被吸收了，且作用深度有限，可高效地把光能转换成热量，进行精确的组织汽化或爆破等物理、化学作用。"

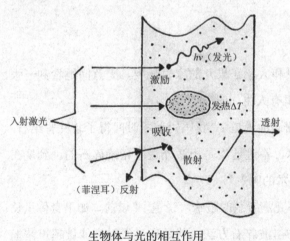

生物体与光的相互作用

"以痣的治疗为例。传统治疗痣的主要方法是利用干冰和液态氮将组织冻结和切除，但是这种疗法创伤大、疤痕明显。而激光治疗是通过适当地调整照射条件和角度（一般使用 CO_2 激光器），在不损坏正常组织的情况下，有选择地精确破坏病变组织，做到不留疤痕。"

光子精灵继续说道："泪道激光治疗技术是目前治疗泪道阻塞和慢性泪囊炎的主要技术。通过激光光纤汽化泪道腔内瘢痕、息肉等阻塞物，达到疏通泪道的目的，具有不留疤痕、安全性高、就诊时间短、创伤小、经济等优点。激光治疗白内障、青光眼技术已经发展成熟，在实际手术中几乎可以达到100%的成功率，并具有操作简单、切除精确、并发症少等优点。"

> **光子小札**
>
> 激光美容是一种新的美容法，选择合适的能透过正常皮肤组织，而病变或瑕疵组织具有高吸收的光源照射，可使皮肤变得细嫩、光滑，还能治疗痤疮、黑痣、老年斑等。激光美容无痛且安全可靠，受到人们的普遍欢迎。

说完这些，光子精灵看了看近视的乔乔说道："乔乔，激光也可以治疗近视的，你知道吗？"

听到博学的光子精灵这么说，带着大度数眼镜的乔乔满怀希望地说道："真的吗？快给我们讲讲！"

治疗前　　　　　　　　　　　治疗后

面部激光美容前后

光子精灵笑着说："眼睛对光的折射是由角膜与晶状体完成的，近视往

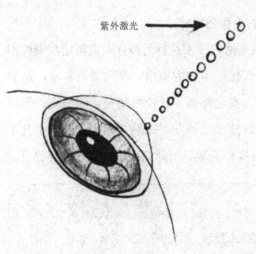

紫外激光

激光治疗近视

往是由于眼睛的成像出现了问题，通过修正眼睛的成像系统就可以治疗。目前激光治疗近视，是利用激光对眼睛角膜表面进行精密加工，通过控制折光率完成矫正。"

听到这里，阿力问道："激光能量那么高，会将眼睛烧坏的啊！"

光子精灵说："我们知道，激光器的家族庞大，科学家们发现眼角膜对紫外线的吸收很强，ArF 准分子激光器输出的 193 纳米的激光，对角膜的穿透深度浅，可以达到微米级的切削加工。利用精密可控技术切削，完全不会对眼睛造成伤害。"

"激光不仅能治疗近视，还能治疗心脏方面的病症。大家知道心肌梗死吧，应用传统的机械手术方式很难治疗心肌梗死，可是有激光在就好办了！应用激光器从心外膜打穿心肌直达心内膜的手术是治疗心肌梗死非常有效的途径。风湿性心脏瓣膜病也是常见的心脏病变之一，治疗中先用激光对心脏瓣膜进行成形，然后在心脏瓣膜表面种植内皮细胞，促进心脏瓣膜的修复。"

说完这些，光子精灵停顿了一下继续说道："大家知道现在龋齿手术怎么做吗？"

量子答道："我知道，前几天我弟弟因为吃糖吃多了，就去做的龋齿手术，看起来好像一点都不疼的样子。"

光子精灵笑笑道："这也是激光的功劳！某些波长的激光对龋齿和健康牙质间的吸收有 5 倍之差，且对不同偏振状态激光，牙釉质和牙质组织的吸收比高达 35；带冷却喷雾的 Q 开关 Nd:YAG 及 Er:YAG 激光可进行牙硬

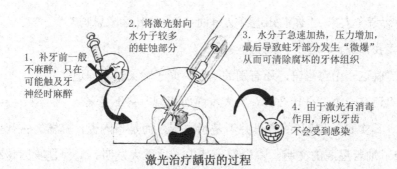

1. 补牙前一般不麻醉，只在可能触及牙神经时麻醉

2. 将激光射向水分子较多的蛀蚀部分

3. 水分子急速加热，压力增加，最后导致蛀牙部分发生"微爆"从而可清除腐坏的牙体组织

4. 由于激光有消毒作用，所以牙齿不会受到感染

激光治疗龋齿的过程

质结构的孔窝制备，同时不会损伤牙质，因此正确选择激光可只烧蚀龋齿而不损害健康牙质。"

"激光在医学上最新的一种应用称为光动力学治疗。某些光敏感性物质具有肿瘤亲和性，如果给癌症患者注射这种光敏感性物质，经过一段时间后，在病变部位照射激光，可有效地破坏癌症细胞，这就是光动力学治疗。从根本上说这是用光敏材料对癌症细胞进行定位，然后用激光把癌变细胞杀死。说起来很简单，但这其中有许多问题需要解决。例如，怎么选取感光材料，怎么选取激光波段等。"

大家似懂非懂地点点头，光子精灵说："光动力学治疗还有很大的发展潜力，找到更容易代谢的光敏物质，找到更容易杀死癌细胞的激光，这都是你们以后需要做的。长庚星已经升起来了，我们明天再聊！"说完，光子精灵隐没于夜色中。

第四十二天　透明陶瓷与陶瓷激光器

这天光子精灵带大家来到了一个瓷器展会上。看着琳琅满目的珍贵瓷器，大家都不禁称赞中华文化的博大精深。看着大家这么感兴趣，光子精

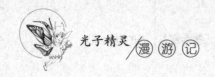

灵便想考考大家："你们知道英文单词 china 是什么意思吗？"

"我知道，中国！"阿力抢答了。

"就这一个意思吗，还有别的吗？"光子精灵笑着问道。

"还有一个，是什么啊？"大家面面相觑，答不上来。

"其实 china 最初的意思并不是指中国，而是指陶瓷、瓷器。古代中国创造了灿若星辰的文明，陶瓷便是其中一项重大发明。陶瓷是我国传统的工艺品，随着丝绸之路的开辟，丝绸和瓷器传到欧洲，欧洲人对中国瓷器青睐有加，特别喜爱。在西方发展自己的陶瓷工艺以前，他们所用的陶瓷大部分都是我国输出的，陶瓷成了中国的代名词。陶瓷（china）与中国（China）的外文翻译仅有大小写的区别。"光子精灵说。

大家疑惑地看着光子精灵，不知道它为什么突然讲起陶瓷来了。

看出大家的不解，光子精灵笑了笑道："大家平时见到的陶瓷，多是骨瓷、青花瓷、白瓷等，这些都是不透明的陶瓷，有谁见到过透明的陶瓷呢？"

果儿疑惑地说："陶瓷还有透明的吗？那不成玻璃了吗？"

光子精灵说道："透明陶瓷直到 20 世纪才出现，我们日常生活中接触得比较少，很多人都不知道。"

阿诺说："光子精灵，快点给大家说说透明陶瓷是怎么回事吧！"

大家兴致盎然地望着光子精灵，光子精灵不紧不慢地说："所谓透明陶瓷就是能透过光线的陶瓷。通常陶瓷是不透明的，因为普通的陶瓷里有很多微气孔和杂质，而这些微气孔和杂质会对光线产生极强的折射和散射，导致几乎所有的光线都分散到四面八方，不能透过陶瓷，所以陶瓷就不透明了。如果选用高纯原料尽可能去除杂质，并通过工艺手段把陶瓷内的微气孔赶走，使光线穿过陶瓷，产生透明的效果，就可能获得透明陶瓷。实验证明，当气孔率由 3% 降到 0% 时，陶瓷透光率将会由 0% 升到 100%！"

"透光率这么高啊！那如果用这些透明陶瓷做成艺术品，一定是晶莹剔透，光彩夺目啊！"乔乔说。

"是啊，已经制得的钇铝石榴石、铝镁酸、氮肥化铝透明陶瓷，以及氮肥氧化铝透明陶瓷等材料的熔点可达到2050℃，即使在1600℃的环境下都不受钠蒸气的腐蚀，而且又可以透过95%的光线。因此，透明陶瓷最适合做高压钠灯的灯罩。在街道、港口、机场、体育场等场所用高压钠灯做光源，其发光效率极高，且光色柔和，光亮而不刺眼，被人们称为'人造小太阳'。高压钠灯的光线还能透过浓雾而不被散射，特别适合做汽车的前灯。透明陶瓷也可做成飞机的风挡、坦克及装甲车的观察窗，其防弹效果是传统胶合玻璃的2倍；还可用于制造电焊护目镜、响尾蛇导弹头部的红外线探测仪上的防护整流罩等。"

光子小札　　透明陶瓷拥有很多单晶体难以比拟的优点，主要表现为制备时间短、制备成本低、可大尺寸制备、掺杂浓度高、掺杂均匀等。用透明陶瓷做工作物质的陶瓷激光器，其输出功率已经达到了万瓦级，相对于单晶来说效率要高很多。

阿诺说道："这样看来透明陶瓷的用途还真不少啊！"

光子精灵笑笑说道："是的，透明陶瓷的发展极具潜力，而且现今又有了一项重要的新用途——陶瓷激光器。陶瓷激光器的工作物质就是透明陶瓷中的一种，可是由于要求其透光率达到80%以上，并且要掺杂稀土离子，其制备过程非常困难。目前世界上有四十几个国家在研究激光陶瓷材料，而真正做到上市水平的只有日本。我国的中国科学院上海硅酸盐研究所等已经制备出多种需求的透明陶瓷激光材料，并进行了高效陶瓷激光器研究。"

大家越听越高兴，仿佛置身于晶莹剔透的陶瓷的艺术世界中，各种五颜六色的陶瓷激光器的光束交织成一幅美丽的图画。光子精灵魔棒一挥："明天见！"

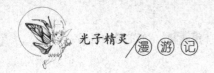

第四十三天　用激光"打印商标"和"印花"

　　新的一天，大家在公园里一边等待光子精灵出现，一边围观星儿新买的手机，这是星儿前几天生日他爸爸送他的礼物。看着星儿手里闪亮的新手机，大家不禁都羡慕起来。

　　"你这个手机背后的图标好好看哦！我好喜欢。"果儿羡慕道。

　　"是的，这图标果然很闪亮！"光子精灵不知何时出现在人群当中，"你们知道这图标是怎么印上去的吗？"

　　"我猜是电焊焊上去的。"量子自信地答道。

　　"这个可没那么简单哦！"光子精灵笑着答道："其实这个是用激光打标技术打印上去的。"

　　"激光打标？是干什么的啊？"乔乔不解地问道。

　　光子精灵回答说："激光打标是用激光束在各种不同的物质表面或内部打上特定的标记。打标效应是通过表层物质的蒸发露出深层物质，或者是通过光能导致表层物质的化学物理变化而"刻"出痕迹，或者是通过光能烧掉部分物质，显出所需刻蚀的图案、文字等。我们买东西的时候，会看到外包装上面通常都会印有生产日期、保质期、限用日期等相关信息，这就像是产品的身份标识或者说标签，打标机就是在包装件或产品上加上标签的机器。激光打标不仅有美观的作用，更重要的是可以实现对产品销售的追踪与管理，特别是在医药、食品等行业，可让普通人也能了解产品的信息，避免造成不必要的伤害，如出现异常还可准确、及时地启动产品召回机制。"

　　光子精灵继续说道："早期市面上最常见的激光打标机主要以 CO_2 激光打标机和 YAG 激光打标机为主，后来 YAG 激光打标机逐步被半导体激光打标机所取代。半导体激光打标机成为目前激光打标机市场占有量最多的一种机型。另外，还有高端些的端面泵浦激光打标机、光纤激光打标机、紫外激光打标机等。"

光子小札　激光打标有清晰度高、利于环保、永不磨损的防伪性能。激光打标机可雕刻金属及多种非金属材料，更适合应用于一些要求更精细、精度更高的电子元器件、集成电路、电工电器、手机通信、五金制品、工具配件、精密器械、眼镜钟表、首饰饰品、汽车配件塑胶按键、建材等场合。

"现在激光也被引入服装加工领域，利用激光照射到织物上的能量在短时间内的高度集中瞬间使纤维融化和汽化，导致织物表层物质的化学物理变化而刻蚀出痕迹。用激光印花技术在衣料上印制花纹，布料手感完全不变，但是图案能随着观看角度的改变若隐若现，可以满足现代人的个性化定制和审美要求，同时还不会增加成本"。

"原来是这么回事！那在我们生活中还有什么是由激光加工制成的呢？"乔乔问道。

"我们生活中处处可见激光加工产品的身影，明天我来给大家讲解吧！"时间总是过得很快，光子精灵又要与大家告别了。

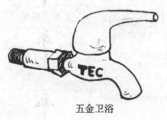 

五金卫浴　　　数码产品　　　U盘

激光打标面面观

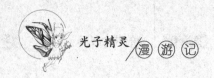

第四十四天 用激光切割物体会产生碎屑吗？

新的一天，大家早早地来到公园，光子精灵也已经在等着大家了。阿诺问道："光子精灵，快给我们讲讲昨天的激光加工吧，我好感兴趣哦！"

看着阿诺期许的目光，光子精灵说道："激光加工指的是激光束作用于物体表面而引起的物体变形或改性。按照光与物质作用的机理，可分为激光光化学反应与激光热加工反应。激光光化学反应是指在加工过程中，激光束照射到物体借助高密度高能光子引发或控制光化学反应的加工过程。前者更适用于光化学沉积、激光刻蚀、掺杂和氧化，后者对于金属材料焊接、表面改性、合金化更有利。两种加工方法都可对材料进行切割、打孔、刻槽、标记等。"

乔乔说道："那激光热加工是不是就是利用激光把物质熔化啊，就像铸铁似的。"

光子精灵笑笑说道："这只是其中的一个方面，其实对激光与材料的相互作用过程的物理描述可以分为四个阶段。"

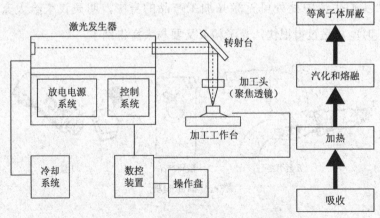

激光加工系统和激光与材料的相互作用过程

"激光热加工时首先发生的是材料对激光能量的吸收。一束激光照射到材料表面时，一部分被材料表面反射，其余部分透入材料内部被材料吸收。透入材料内部的光能主要对材料起加热作用。不同材料对不同波长的激光的吸收率不同。在金属与激光相互作用过程中，光斑处温度上升，引起熔化、沸腾和汽化的现象，导致电导率改变，会使得反射率发生很复杂的变化。"

"然后是对材料的加热，这实际上是光能转化为热能的复杂过程。"

"第三阶段就是材料的气化和熔融。其过程与激光特性、材料特性均有关系。在激光功率密度过高而脉冲宽度很窄时，材料会局部过热，引起爆炸性的气化，此时材料完全以气化方式去除，几乎不会出现熔融状态。"

"第四阶段则是等离子体屏蔽。激光作用于靶表面，生成蒸气，蒸气继续吸收激光能量，使温度升高，最后在靶表面产生高温、高密度的等离子体。这种等离子体向外迅速膨胀，在膨胀过程中等离子体继续吸收入射激光，无形中阻止了激光到达靶面，切断了激光与靶的能量耦合。这种效应叫做等离子体屏蔽效应。"

说完，光子精灵指了指远处的汽车说道："大家知道汽车的底盘、车门都是怎么从一大块钢板上切下来的吗？

"这与激光有关吗？"量子问道。

光子精灵说："对啊，这就是激光一项很重要的应用 —— 激光切割。"

"激光切割以连续或重复脉冲的方式工作。切割过程中激光光束聚焦成很小的光点（最小直径可小于 0.1 毫米），使焦点处达到很高的功率密度。这时光束输入（由光能转换）的热量远远超过被材料反射、传导或扩散部分，材料很快被加热至熔化及气化温度。光束与材料相对移动，使孔洞形成宽度很窄的切缝分割材料。"

"那这么说，用激光切割的话，就不会产生机械切割的碎屑了？"量子问道。

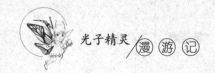

　　"由于材料被加热熔化，并且切缝很小，不会有大量的碎屑溅射，相比传统切割工艺，产生的碎屑可以说是很少的了。"光子精灵答道。

> **光子小札**
>
> 　　在汽车制造公司中，激光切割技术的应用非常普遍。欧美等工业发达国家 50% ～ 90% 的汽车零部件都是采用激光加工来完成的。美国福特汽车公司工模具厂用激光切割模具，使生产周期大为缩短，满足了汽车快速改型的需要。

　　光子精灵继续说道："激光切割还能用在服装剪裁上，激光可聚焦成纤细光斑，热扩散区小，裁切加工精度可达到 0.02 毫米。传统工艺用刀模切割或加工，切口易脱丝、发黄、发硬，而激光裁剪还能瞬间将切口熔化并凝固，形成一种不会散边的熔接裁剪边缘，达到自动'锁边'的功能。"

　　"激光裁切布料不会使布料变形或起皱，裁切形状可随着图稿进行任意更改，增加了设计的实用性和创造性，实现了花型的个性化定制。由于激光加工为无接触加工，由电脑控制激光头的走势，可以在纺织品的任何位置进行雕刻，图案的形状和位置可以随心所欲，花形图案可以错综复杂，而且激光制作花型灵活方便、快速高效。许多精细而复杂的工艺，如服装裁片、纸版放样、皮革裁剪、服装雕花、皮革雕花等，在激光这把隐形'光刀'面前，切割或雕刻得游刃有余，不费吹灰之力。"

　　"激光还可以用来绣花呢！传统的绣花机是将一根根不同颜色的线缀在服装面料的表面上，由色块组合成图案，对单线条精细的、大幅面的图案是无法连续表达的。而'激光绣花'则是根据服装面料的底色来处理的。通过激光控制系统的分层办法，在同一色泽的面料上'绣'出布料底色里深浅不一、具有层次感的过渡颜色来，这种蕴藏在面料底色中的自然过渡色系，是任何设计师都无法调配的，具有独特、自然、质朴的风格。而且由于它的光束纤细、运动高速，又可连续雕刻，正好与绣花机互补。"

激光切割的优点：

（1）切割质量好，切缝几何形状好，切口两边近平行，并和底面垂直。

（2）不粘熔渣，切缝窄，热影响区小，基本没有工件变形。

（3）激光可切割的材料种类多，气割只能切割含 Cr 量少的低碳钢、中碳钢及合金钢，而激光可以切割金属、非金属、金属基和非金属基复合材料、皮革及木材。

（4）切割效率高。

（5）非接触式加工。

（6）噪声低。

（7）污染小。

光子小札

"激光切割还能用在钻井上面呢！用大功率聚能激光束直接作用于岩石表面，使其局部骤然升温，岩石吸收激光辐射的能量后在内部产生热应力，当热应力达到岩石的极限强度时，岩石就会被破坏。若岩石吸收的能量超过其熔化破坏的阈值，则岩石温度升高到熔点以上，使岩石以熔融或汽化形式被破坏。岩石破坏后形成的残余物由高速气流携带并排出，以快速形成井眼。激光不仅有足够的能量切割岩石，而且破岩速度要比传统的旋转钻头破岩快 10 ～ 100 倍。激光技术可能引领钻井技术的第二次革命。"

"大家以后的知识积累越来越多，会了解激光切割的更多应用的。好啦，今天就到这里，明天见！"说完光子精灵便消失在半空中了。

第四十五天　激光打孔和焊接

由于前几天骑自行车摔骨折了，阿诺住进了医院。大家今天一早便去

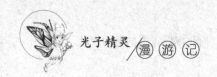

医院看望他。看到大家都来了，阿诺很是高兴。大家一阵闲聊之后，阿诺说自己该吃消炎药了，便让量子帮他倒了杯水。趁阿诺吃药的间隙，光子精灵问道："你们有没有见过表面打有小孔的药片或胶囊呢？"

星儿说道："这个我见过。以前奶奶生病的时候我看她服过这样的药片，可到底是怎么打出来的我还真不知道。我有一次想用针在完整的药片上钻出一个孔来，结果刚一使劲药片就碎了，药厂是怎么做出来的呢？"

光子精灵说："其实很多药片或胶囊上的孔都是激光刻上去的。这也是激光加工的一种。复杂的药片和胶囊能够准确地控制药物的释放时间，使得本来由于水溶性低、不能口服的药物可以很容易被人使用。由半透薄膜包围起来的药物层和'挤压层'可以制成'控释泵'。药物进入体内后，水分子通过半透膜，使得挤压层膨胀，药物通过薄膜在药物层上的小孔按一定的速率被释放出来。"

> **光子小札**
>
> 控释泵中小孔的尺寸在 600 微米到 1 毫米之间。尽管利用纯机械手段进行精密制造加工能得到这样的尺寸，但小孔直径和形状的容差通常不太精确，另外无法获得与其他制药加工平台相配合的足够的生产率。用激光打孔加工药片所能得到的加工速率为 10 万片／小时，而且很容易就得到尺寸容差和外观均符合要求的小孔。

大家听得饶有趣味，光子精灵也兴致勃勃："大家知道手机、电脑为什么会越做越小而性能越做越好吗？"

大家都摇头表示不知道。

光子精灵说："这其中当然也有激光的一份功劳！激光光刻技术的产生与发展使得集成电路的集成度越来越高，体积更小但功能越多且越完善。集成度越高就要求光刻的波长越短，当前普遍采用紫外激光器进行光刻，这可以很好地提高集成电路的集成度。"

"应用激光加工技术可极大地提高高密度集成电路微孔的打孔效率，若结合数控技术可在印制板上每分钟加工 30 000 多个微孔，其孔径在 75 ~ 100 微米；应用紫外激光可进一步使孔径小于 50 微米或更小，这为进一步扩大印制电路板的使用空间创造了条件。"

量子说："原来激光也可以用在印制电路板，怪不得电子产品这些年的更新速度这么快！"

光子精灵说："是啊，电子产品的更新速度快有很多原因，但激光加工在其中至关重要。在仪表的制造过程中，也需要打很多个极其微小的孔，大家知道这些孔是怎么打出来的吗？

阿诺道："肯定和激光有关！"

光子精灵点头道："嗯，不错，随着现代工业和科学技术的迅速发展，使用的高熔点、高硬度材料越来越多，传统的加工方法已无法满足对这些材料的加工要求。例如，在高熔点的钼板上加工微米量级的孔，在硬质合金（碳化钨）上加工几十微米的小孔，在红蓝宝石上加工几百微米的深孔，以及金刚石拉丝模、化学纤维喷丝头等。激光打孔可以很好地满足这些要求。"

"大家知道汽车是怎么焊接在一起的吗？"光子精灵又问了一个问题。

星儿说道："就是电焊焊接在一起的呗，这和激光有关系吗？"

光子精灵说道："普通电焊是很早以前的事情了，现在普遍采用的都是激光焊接。激光焊接是激光在计算机控制下沿任意特定轨迹进行焊接，被广泛应用于汽车门板、挡板、仪表板、动力传动齿轮等零部件的制造，以及车顶和侧围、发动机架、散热器架等部件的装配等。在生产豪华车中用激光焊接车体镀锌部件，可以达到完美加工，完全能满足生产率、经济性、防腐能力和强度的要求。用激光焊接代替电子束焊进行齿轮及传动部件的焊接，减少了变形，且提高了生产率。"

旁边一辆疾驰的汽车突然熄火，司机下车打开车盖查看原因，光子精

灵问道:"大家知道发动机中哪个部件性能要求最高吗？"

阿诺说道:"是不是汽缸啊！汽油都是在里面燃烧的，所以它需要能承受住很高的温度！"

光子精灵说道:"不错，汽缸材料处理过程中最重要的是淬火过程，而现在普遍采用的是激光淬火。"

星儿说道:"淬火？是不是就是把铁烧红了，然后放在水里冷却？激光还能用来淬火？"

光子精灵说道:"不错，那是淬火的简单过程，激光淬火是利用激光将材料表面加热到相变点以上，随着材料自身冷却，从而使材料表面硬化的淬火技术。与其他淬火工艺相比，激光淬火具有淬硬层均匀、硬度高、工件变形小、加热层深度和加热轨迹容易控制、易于实现自动化等优点。福特、丰田、三菱等汽车公司均采用激光相变硬化技术对汽车零部件进行处理，取得了良好效果，并已成功地用于齿轮箱、汽缸、活塞环槽、气门座圈、气门导管等零件的表面硬化处理。"

光子精灵继续说道:"大家家里都有热水器吧？"

阿诺抢先说道:"我家有，还是太阳能的呢！"

光子精灵说道:"嗯，你们知道激光在光伏发电领域也是不可或缺的吗？"

"这里也要用到激光？激光可真是'全才'啊！"星儿说道。

光子精灵继续说道:"在制造非晶硅电池的生产过程中，激光作为一个功能强大的生产性工具，广泛应用于制造、表面处理和材料加工领域。在非晶硅薄膜太阳能组件生产里，激光设备在"划刻"过程中发挥两大作用：第一，用红外激光和绿激光进行光刻，处理非晶硅层和背电极，把连续的膜层细分为单个电池；第二，在单个电池之间建立串联连接结构。激光划线完成之后，之前连续的膜层被细分为单个太阳能电池并组成了串联结构，此时，太阳能电池已经能将太阳光能转化成电能了。在后面的工序里，划

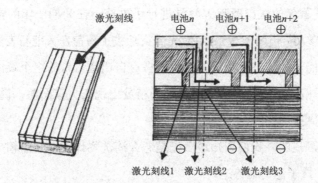

(1) 将连续的薄膜细分成单个电池; (2) 在单个电池间建立串联连接结构

图6-19　生产非晶硅薄膜太阳能电池的工艺流程

切完的太阳能电池要经过退火、汇流、层压和测试进行封装，最终完成非晶硅薄膜太阳能的生产。在薄膜太阳能组件生产里，激光划线设备是必不可少的重要生产设备之一。

听光子精灵说了这么多太阳能电池的知识，星儿说道："原来太阳能电池的制造过程中，激光还起着重要的作用呀！"

听见他这么说，光子精灵笑笑说道："哈哈！激光还有很多的应用，激光打孔、切割、光刻、焊接、淬火，包括我们后面会讲到的激光在航天等领域的应用都只是其中一部分，只要大家努力一定会知道越来越多激光的应用的。"说完，光子精灵结束了今天的旅程。

第四十六天　激光清洗技术

到了周末，勤劳的量子一早便在家打扫卫生。在整理爸爸那些旧报纸的时候，偶然看到这样一则报道：1992 年 9 月，联合国教育、科学及文化

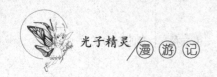

组织对非常著名的法国亚眠大教堂进行了维修。在为期一年的圣母门维修工程中,维修人员借助于激光,用激光光束除去了覆盖在大理石表面的污垢。

"激光能对物体进行清洗?"量子自言自语道。带着这个疑惑,大家一起等待光子精灵的出现。突然间,光子精灵出现在大家面前,说道:"你们好像有问题要问我啊!"

"是的,是的。我们想知道激光是怎么清洗物体的。光子精灵你给我们讲讲吧!"量子急切地答道。

看到大家眼中的疑惑,光子精灵说:"其实激光清洗是一种形象的说法,并不是像水洗衣服那样,而是激光的一种应用!你们听过'洗文身'吗?那就是激光清洗的一种。"

量子回答说:"我见过美容店有文身的,却不知道怎么样去除!"

光子精灵说:"要想去除文身,有很多种方法。激光洗文身的原理是:激光能顺利地进入到目标部位,特定波长的激光只被相应颜色的色素吸收。利用激光能量使文身部位的染料颗粒崩解、粉碎、气化,吸收,排出,色素随之消褪。控制激光脉冲和所到达的皮肤深度,能够使皮肤的损伤降到最低程度。"

大家恍然大悟:"原来是这个'洗'啊!"

光子精灵说道:"激光清洗技术是近十年来飞速发展的新型清洗技术,它以自身的许多优点在众多领域中逐步取代传统清洗工艺。"

阿诺疑惑道:"到底是怎么洗掉表面污垢的呢?"

光子精灵说:"激光表面清洗就其清洗机理而言,可分为两大类:一类是利用清洁基片(也称为母体)与表面附着物(污物)对某一波长激光的能量具有差别很大的吸收系数。辐射到表面的激光能量,大部分被表面附着物吸收,使之受热,或气化蒸发,或瞬间膨胀,并被表面形成的蒸气流带动脱离物体表面,达到清洗的目的。而基片由于对该波长的激光吸收能量极小,不会被损伤。对此类激光清洗,选择合适的波长和控制好激光能量,是实现安全高效清洗的关键。"

"另一类是适用于清洁基片与表面附着物的激光能量吸收系数差别不大，或基片对涂层受热形成的酸性蒸气较敏感，或涂层受热后会产生有毒物质等情况的清洗方法。该类方法通常是利用高功率、高重复率的脉冲激光冲击待清洗表面，使部分光束转换成声波。声波击中下层硬表面后，返回的部分与激光产生的入射声波发生微小爆炸，涂层被粉碎、压成粉末，再被真空泵清除，而底下的基片不会损伤。"

光子精灵接着说道："石雕和石刻等年代久远的高档石质艺术品，由于其极精细和易损的表面结构，成为激光清洗技术应用最早的领域。用激光清除石质文物表面的污垢有其独特的优势，它能够十分精确地控制光束在复杂的表面上移动，清除污垢而不损伤文物石材。目前，用激光清洗花岗岩、大理石等高档石质材料表面污垢的工作已成为一项新的很有前途的业务项目。除了对石质材料的清洗外，激光清洗在玻璃、石材、金属、模具、牙齿、芯片、电极、磁头、磁盘，以及各种微电子产品的清洗中都有很好的效果，已经有了一定的应用。"

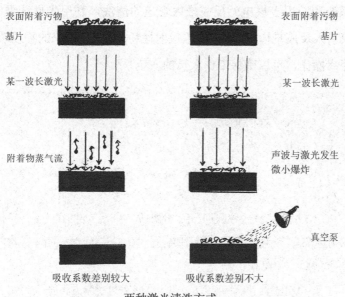

两种激光清洗方式

"采用激光清洗系统，可以高效、快捷地清除锈蚀、污染物，并可以对清除部位进行选择，实现清洗的自动化，不但清洁度高于化学清洗工艺，而且对物体表面几乎无损害。"

"工业生产中使用的模具，要求清洗迅速可靠，传统的使用喷沙、超声波或 CO_2 等清洗方法，必须在高热的模具经数小时冷却后，再移往清洗设备进行清洁，清洁所需的时间长，并容易损害模具的精度。利用光纤传输进行的激光清洗方式，在使用上深具弹性，更方便将光导至模具的死角或不易清除的部位进行清洗。防粘的弹性膜层需要定期更换以保证卫生，不用化学试剂而使用激光清洗也特别适合食品工业模具的清洗。在欧洲，激光清洗系统早已应用在航空工业中，用以清除飞机表面的漆层，不会损伤到金属表面；航天工业机械零件的清理，也采用激光清洗。摩天大楼外墙的清洁很不容易，激光清洗系统通过最长 70 米的光纤为建筑物外墙的清洗提供了很好的解决方法，它可以对各种石材、金属、玻璃上的各种污染物进行有效清洗，且比常规清洗效率高很多倍。电子工业需要高精度地去污，用激光去氧化物可以保证最佳的电接触，还不损坏针脚，且效率很高。激光清洗系统还应用于核电站反应堆内管道的清洗，利用光导纤维，将高功率激光束引入反应堆内部，直接清除放射性粉尘，清洗下来的物质清理方便，而且远距离操作，可以确保工作人员的安全！"

光子小札

激光清洗有四种方法：

（1）用脉冲激光直接辐射去污称为激光干洗法。

（2）沉积一层液膜于基体表面，然后用激光辐射去污称为激光＋液膜方法。

（3）在激光辐射的同时，用惰性气体吹向基体表面的方法叫做激光＋惰性气体清洗法。污物从表面剥离后会立即被气体吹离表面，以避免表面再次被污染和氧化。

（4）用激光使污垢松散后，再用非腐蚀性化学方法进行清洗。

"在其他方面，如精密零件加工制造、液晶显示器清洗甚至去除口香糖残迹都有应用，怎么样，激光是很好的东西吧！"

"嗯嗯！"大家都不由自主地点点头。"激光可真是个好东西，渗透在我们生活的方方面面呀！"量子很有感触地说。

"是的，这也就是我重点介绍激光的原因了。好啦，天色不早了，明天见吧！"大家依依不舍地和光子精灵告别。

第四十七天　3D激光打印 —— 没有不可能

这天，大家一起来到公园的小湖边。大家看到果儿闷闷不乐的样子，便问其原因。果儿说："后天是我爷爷奶奶的金婚纪念日，我想给他们送一个很有心意的蛋糕。可是蛋糕店的工作人员说我有一个要求太复杂了，他们做不了。"

"哦？那究竟什么要求啊？"星儿好奇地问道。

"我想把我们家的全家福照片打印在一块白巧克力上，这样看上去多温馨啊！"果儿满怀憧憬地答道。

"是这样子的吗？"不知何时光子精灵的手上多出了一块蛋糕，上面有一张印有果儿全家福照片的白巧克力。

"太棒了！光子精灵，真的太感谢你了。"果儿欣喜地接过光子精灵手中的蛋糕，接着说道："如果什么时候我们能有你这样的能力就太好了，我想做什么就能做什么了。"

"其实，人类想生产自己喜欢的个性物品已经不再是一个幻想喽！现在有一种技术正在帮你们实现这个心愿，那就是3D激光打印机。有了这个

机器，你们就可以自己在家里'打印'出自己想要的东西，包括吃的、穿的、用的，都可以哦！想象一下，在未来的某个清晨，你一边吃着刚从厨房打印机'打印'出来的奶油抹茶饼干，一边在网上浏览购物网站寻找豪华食品'墨盒'，准备为爷爷奶奶金婚纪念日打印食品，包括脆皮烤乳猪、白切贵妃鸡、麒麟鲈鱼、玻璃虾仁、马蹄糕、糯米鸡，还有小孩喜欢吃的颜色、图案都不一样的生肖树莓小蛋糕。对了，还有一个巨大的结婚蛋糕。奶奶在相册里挑选满意的金婚纪念照，好让你将她和爷爷最慈祥幸福的时刻'打印'成模型摆在蛋糕上。"光子精灵答道。

"真有这样的机器吗？那不就是全自动面包机、微波炉、电饭煲等好多家电的综合体吗？"乔乔爱做家务，说起来如数家珍。

光子精灵笑了笑，接着说："是的啊。你想象一下全家人决定假期去登山，你扫描了家人们的脚和脚踝，把数据输入计算机，计算机经过一系列计算后，用3D技术打印出专属每个人的新鞋，这双鞋符合每个人的脚型、体重、步态和运动习惯。"

"那我们每个人都在享受贵宾服务啊！"果儿已经在想象自己站在珠穆朗玛峰的山顶了。接着又问道："那3D打印技术现在应用到生活中了吗？"

光子精灵说道："当然有了，比如3D打印假牙。以前制作假牙，要先用胶状物按在口腔内套取假牙的形状，然后再做成假牙，一遍遍打磨之后才能痛苦地戴上。但利用3D打印假牙，医生只是用扫描仪在嘴巴里一扫，采集好数据。两个小时后，精度达到0.1毫米的新假牙便可通过3D打印机打印出炉。果儿，你爷爷那老古董的假牙已经磨得嘴巴很不舒服了，可他不舍得换下来，就是因为新的未必有旧的合适。趁着这次金婚庆典，你可以说服他试试3D打印假牙。"

果儿说："真的吗？我爷爷的假牙的确用了很久了，要是现在就有这样的技术就太好了！"

光子精灵说："这些都不是天方夜谭，这就是科技创造的奇迹。前不久在日本，一位准妈妈想要纪念宝宝首次超声波检测，她的医生编辑她的超声图像，并用 3D 技术打印出栩栩如生的胎儿模型。结果，一个透明硬塑料块中就出现了一个前卫的 3D 打印微小胎儿塑料模型。在我国，3D 打印假牙目前也已经在一些大医院技术成型。"

大家觉得惊叹，一台 3D 打印机，简直就是超级工厂啊，想做什么都能做出来，比机器人还智能。

"那光子精灵，你快给我们讲一下这神奇的 3D 激光打印吧！"大家的好奇心被激起来了。

光子精灵指指公园里的一个塑料凳子说："传统的生产方式主要是通过模具来制造产品，就比如这个塑料凳子，人们根据凳子的形状制造一套模具，然后将熔融的塑料注入模具空腔，压紧，冷却，开模后就得到一个塑料凳子。"

光子小札

个性化制造、生物再造、更快速设计、所想即所得，这些是 3D 打印最大的优点。在未来，从人体器官到完全组装好的电子元件成品、飞机零部件，从玩具到牛肉，从医疗到高端制造等，理论上几乎所有东西都可以通过 3D 打印复制出来。当 3D 激光打印技术可以广泛应用之后，每一个人都可以是一家工厂，自己可以在家里或者是周边的 3D 打印服务站去打印自己所需要的任何东西，只要设计出你要打印的东西即可。

"这样不是很简单吗？"果儿问。

"这听起来简单，但事实上却不容易。模具的设计、制造过程是很麻烦的。首先要有专业人员进行模具设计，分模、顶出、切水口、冷却，一个步骤都不能少。在制造过程中要经过大量的车铣刨磨钻等机械加工，制作完成后还要经过反复的试模，不断调整，直到能够产出合格的产品为止。一套模具的价值从几十万到几百万不等。因此，模具只适合大批量生产来

降低成本。最重要的是模具一旦磨损就会报废，变成一堆废铁，没有办法补救，所以工厂车间里经常堆满报废的模具，造成很大浪费。"光子精灵不无惋惜地说。

"3D打印技术，是一种新的生产理念。'3D打印'是通俗的叫法，学术名称为'激光堆积成型技术或激光快速成型技术'，是一种集成计算机、数控、激光和新材料等最新技术而发展起来的先进的产品研究与开发技术。如果说以前的生产是在做减法，那么3D打印就是在做加法。做减法就一定会造成材料浪费，相反加法就可以大大节约材料。"

"我们都见过书本文件的打印，在计算机中设置好打印文件和打印命令，将打印指令传输到打印机上，打印机的墨盒就会开始喷墨，这时只要准备好白纸，就能得到想要打印的东西了。3D激光打印是先在计算机中建立数字模型文件，将粉末状金属或塑料等可黏合材料按照一层一层的方式堆积叠加，每层都非常非常薄，又具有极好的连续性，直到一个固态物体成型。3D激光打印机中的墨盒此时不再是颜料，而是粉末状的金属、塑料、树脂等。"

"因为3D激光打印是依据物体的三维模型数据，通过成型设备以材料累加的方式制成实物模型，甚至直接制造零件或模具，这样就缩短了产品研发周期，同时缩减了生产成本。"

"既然3D激光打印有这么多的优势，为什么人们以前不去应用呢？"星儿问道。

"并不是不用，而是条件不成熟，"光子精灵回答说："准确来说，3D打印是基于离散堆积成型思想的新型成型技术，以计算机构建的物体的三维数据为蓝本，通过软件的分层离散和数控成型系统，利用激光产生的高温烧结一些特殊材料，比如，金属粉末、陶瓷粉末、塑料、细胞组织等，然后进行逐层堆积黏结，最终叠加成型，制造出实体产品。

"激光具有很强的方向性和很高的能量，可以在瞬间将材料精确切割、烧结熔融。像熔点较高的金属，可以通过控制激光能量来精确控制金属的熔融烧结时间，这样材料的量就变得容易控制。人们根据材料的性质、加工的温度等选定不同的激光器来满足不同的 3D 打印要求。"

"哦，"果儿说："那如果将来我有了一台 3D 打印机，是不是所有的东西都可以在上面打印呢？"

光子精灵说："理论上当然可以啦，只要材料达到要求。就像我们现在的打印机，既可以打印黑白色，还可以打印彩色，只要换个墨盒就好了！你只要将你要做的东西的原材料在墨盒中准备充足，就可以见证奇迹的发生啦！"

"而且，3D 激光打印机使用'喷墨'的方式是多种多样的：有些 3D 激光打印技术是用光固化立体造型，使用电脑离散程序将模型进行切片扫描，得到的数据精确控制激光束的扫描路径和升降台的运动。扫描器激光光束按设计的扫描路径照射到液态光敏树脂表面，使表面特定区域内的一层树脂固化，当一层加工完毕后，就生成零件的一个截面。然后升降台下降一定距离，固化层上覆盖另一层液态树脂，再进行第二层扫描，第二固化层牢固地黏结在前一固化层上，这样一层层叠加形成三维工件原型。这个过程就像盖房子一样，不同的是地基一直在往下移动，而盖房子的'工人'始终在同一个水平线上，将一层层细小颗粒材质叠加，最终变成有空间立体感的实物。"

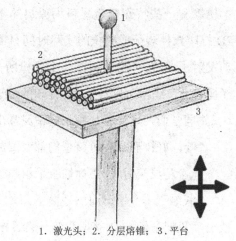

"有些 3D 激光打印机的工作方式则是分层实体制造，就是先用激光切割系统，得到切片的截面轮廓线数据。将所获得的层片

1. 激光头；2. 分层熔锥；3. 平台

3D 激光打印工作台

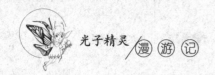

通过热压装置和下面的已切割层黏合，切割完一层后，送料机构将新的一层叠加上去，利用热黏压装置将已切割层黏合在一起，依次黏结成三维实体。这样一层层地切割、黏合，最终成为三维工件。"

"有的 3D 激光打印机的墨盒是粉末状的高分子材料、金属或陶瓷与黏结剂的混合物等。激光束在计算机的控制下，按照零件截面轮廓信息进行有选择的扫描，被扫描的部分材料熔化、黏接成型，不被扫描的粉末材料仍呈粉粒状作为工件的支撑。一层完成成型后，工作台下降一个层高，再进行下一层的铺料和烧结，去除未烧结的粉末，生成所需形状的零件。"

"还有一些 3D 激光打印机使用的是选择性熔复技术，构形材料是丝状热塑性材料，类似于裱花蛋糕的制作，丝状材料由供丝机构送进喷头，在喷头中用激光加热到熔融态，按照截面形状涂覆在工作台上，快速冷却固化，一层完成后喷头上升一个层高，再进行下一层的涂覆。3D 打印的成型方式各种各样，但其基本原理都是一样的，那就是分层制造，逐层叠加。"

"听起来好神奇啊！"大家纷纷赞叹。

光子精灵继续说："2013 年 10 月，美国一家 3D 打印公司利用金属激光烧结的核心技术，打印出世界上第一支金属手枪。这支手枪的 30 多个以不锈钢和一些特殊合金材料为原料的零件全是由 3D 打印技术实现的，将 3D 打印原件装配成整枪的实际时间只需 5 ～ 7 分钟，而且这支手枪已经成功发射了 50 发子弹！制作一个手枪所需要的设备成本约在 85 万美元。在光博会上，经常可以看见 3D 打印的痕迹。我来简单举几个例子。"

"同学们，你们看！"光子精灵拿出一个高达模型。

"哇，好棒啊！"男孩子们都双眼放光。

光子精灵笑着说："你们亲手组装过模型么？"

"我装过！"量子说："模型原本是许多很小的零部件，连在塑料母板上，我把它们一个个剪下来，然后按照说明书装配好才成为现在这个帅气的样子。"

高达母板和组装好的高达模型

"这个模型的母板就是采用一种叫做选择性激光烧结的 3D 打印技术'打印'出来的。如果用传统手工打样的话，要花费很久的时间，但是采用 3D 打印技术几个小时就可以生产出来，大大缩短了制作周期，降低了生产成本。不仅如此，只要不是大批量生产的产品，随产品复杂程度的增加，分层制造技术的优势就越明显。比如，产量不大但是开模成本巨大的飞机零组件，因人而异的骨骼医疗器械，某些军用难铸造材料的成型。"

光子精灵拿出一个构件，说："你们看，这是一个模具镶块的剖面样品，如果用传统方法几乎是无法加工的，但是 3D 打印的选择性激光熔化技术就能够轻松实现。"

光子精灵又拿出一个透明的"光"字模样的模型："这是光敏树脂做的模型，这种 3D 打印技术叫做光固化技术，利用紫外激光或紫外灯照射薄层液态光敏树脂，成型任意复杂结构的三维实体模型。由于成型材料是光敏树脂，可采用非常薄的成型层，所以比其他快速成型工艺的精度高，在成

型精细结构方面具有一定的技术优势，可在短期内成型具有高装配精度的手机外壳等精细零部件，或者是结构特别复杂且精度要求较高的铸造熔模。"

内部冷却水道的模具镶块　　　　　　　SLA 制造的光敏树脂模型

"变化远不止于此。试想一下，如果有了 3D 打印机，原先流水线生产同样产品的工厂，可按不同用户的需求'打印'出一件件极具个性的商品。甚至，每个人都可拥有一台 3D 打印机，从设计师那里看好想要的商品，通过网络传到 3D 打印机，在家里就可'生产'，根本用不着专门的工厂。凭借着上述种种优势，在未来的若干年内，3D 打印必将成为生产制造的主要方式！"

"真期待这一天早日到来，这样人类就能从烦琐的劳动中解放出来了！"乔乔说。

量子问道："光子精灵，听说现在已经出现了 4D 打印，它和 3D 激光打印又有什么关系呢？"

"4D 打印是比 3D 打印还要智能的技术呢，我们明天一起去认识吧！"说完光子精灵便消失了。

第四十八天　4D 打印铸就科幻梦想

迎着霞光，光子精灵准时出现在湖边，她说："3D 技术是不是很神奇？科学是无止境的，美国麻省理工学院（Massachusetts Institute of Technology, MIT）的研究人员已经提出了 4D 的概念。两根用 4D 打印技术得到的外表看起来很普通的线，在被放到水里之后，发生了不可思议的变化：一根线慢慢地变形、卷曲，最终自动形成了 MIT 的字样；另外一根线则自己慢慢立起来，并缓慢自行折叠，变成了一个立方体。整个变化过程完全没有人工的参与，看起来就像是材料拥有了自我意识，在进行自我构型和组装。"

"居然还有这么神奇的东西啊！它是怎么实现的？"大家都很好奇。

光子精灵答道："粗略来讲，4D 打印是在 3D 打印立体三维结构的基础上增加了一个时间维度。也就是说，4D 打印出来的东西，不再以固定的形态存在，而是可以根据设定的时间，在一定条件的刺激下，形状自动发生改变，仿佛物体有了记忆功能一样。"

量子说："那这和记忆合金一样有趣呀！都能在某种外界因素的刺激下发生变形。"

光子精灵说："形状记忆合金和 4D 打印非常相似，两者的基本原理也是一样的，但形状记忆合金仅仅是众多智能材料中的一种，在生产制造过程中受到长度、宽度等规格的限制。4D 打印则是一种可以按照客户需求进行生产制造的工艺流程。

"那 4D 打印是怎么实现的呢？"果儿问道。

光子精灵说："与 3D 打印预先建模然后使用材料打印的机理不同，4D 打印的逻辑是，先用 3D 打印机打印出一种刚性的智能材料（研究人员通过软件完成建模，将想要的性状输入到这种材料当中，在其后的刺激环境下，变形材料就会按照预先的设定完成变形），然后将这种材料与外界激活因素

结合，从而按照预先设定的路径完成物体形态的改变。麻省理工学院的研究人员用的那两根线，一种是高分子聚合物，在水中可以延展到自己原来长度的两倍，另外一种材料则可以在水中保持固定。在利用电脑建模的时候设定，一旦这个合成材料接触到水，就会自动变形组成预先设定好的形状。"

光子小札

　　4D打印的核心在于，创造出能够在打印出来之后发生改变的物体，让它们进行自我调整。打印将不再是创造过程的终结，而是一个转折点。就像把智慧植入到了材料当中，它还能随着时间的推移在形态上发生自我调整和进化，就像是一颗种子，一个细胞，具有一定的"生命力"！

　　"这个技术真是太好了，不需要任何人工参与就能自己变形，简直就像变形金刚一样啊！那只要有了这个材料，是不是它在任何环境都能变形呢？"量子又发问了。

　　"目前的4D打印需要外部刺激才能实现内在变化，例如，前面的绳子模型就用水作为触发条件。现在我们能利用的激活因素仅仅是水，但将来也许可能是光、声、热等。因此，严格意义上来说，所谓4D，就是使用的材料可以自适应、自编程来改变形状，在接触水、空气、重力、磁性或者温度变化时自动响应，第四维就是材料的自组装能力！"

4D打印

　　"4D技术将来会应用于家具、自行车、汽车、医疗甚至建筑领域。想想看，一根拐杖在下雨的时候就变成了雨伞；地下水管能够实现自我伸缩，以应对不同的需求和流量，这样就能够节省掉挖掘街道的步骤；在电脑前将一座摩天大楼的精细结构进行编码，然后输入到特定的材质当中，它就可以自动'长'出屋顶、承重墙，以及电梯间……"

"听起来好像变魔术呀，又像是科幻世界里才会出现的智能物体！"星儿兴奋地说。

"不错，4D 技术让人们摸到了未来世界的门把手。虽然目前它主要的应用场景还是在实验室里，也只能打印可以自动变形的简单条状物体。但4D 打印技术依旧拥有着深远的意义，它把人工参与的部分集中在前期设计，让打印出来的物体在后期进行自我制造和调整，让材料拥有了自己的意识，把它变活了。也许要不了多久，人们就可以利用 4D 打印技术来实现很多的科幻电影画面。到那时，一个水杯可以根据水的温度做出调整、变换形状，汽车也可能真的像变形金刚那样变成飞船。"光子精灵描绘着未来世界的神奇，大家沉醉其中，陷入无限的遐想……

第七章

国防航天显神威

第四十九天　了不起的激光武器

这一天，大家一聚在一起。量子就兴奋地说："昨天看新闻，有报道称美国在自己的军舰上装载了激光炮，据说可以对 1.6 公里外的一艘橡皮艇进行照射攻击，将其一侧艇身彻底烧毁。"

"是吗？听起来很厉害的样子！"果儿接道。

"真的有激光武器了吗？"星儿怀疑地问道。

看大家这么感兴趣，光子精灵接口道："其实激光刚一出生，就被用在了军事上，今天我来给你们讲讲军事领域中的激光吧。"

一听见光子精灵要讲激光在军事领域的应用，这些男孩子的眼睛一下子就亮了起来，一起嚷嚷着让光子快点讲。

"在传统的战斗中，交战双方如果都用火炮攻击对方目标，由于受地心引力和空气阻力的作用，容易使弹道弯曲，所以射击时都要根据距离、高度、风向、风速及炮弹初速等因素进行弹道计算。使用普通枪炮射击时，如果目标是运动的，还必须计算射击的提前量。由于激光武器所发射的'光弹'是以光速飞行的，其飞行速度常常要比普通炮弹快 40 万倍，比导弹的速度快 10 万倍。因此，使用激光武器进行射击，不用计算弹道，无需考虑提前量的问题。这是激光武器的第一个优点。"

"第二，光束基本没有质量，所以在使用激光武器射击时，不会出现在

普通武器射击时伴随的巨大后坐力和噪声，这既可提高射击的命中率，有效地打击敌人，又便于隐蔽自己，减少伤亡。"

"第三，激光武器可通过转动反射镜迅速变换射击方向，在短时间内即能拦截多个来袭目标。既可直接在地面使用，也可在战车、军舰、飞机等活动作战平台使用，还可在卫星、航天器等空间作战平台上使用，操作简单，机动灵活，使用范围广。"

"第四，激光束可使坚硬目标（如坦克装甲）烧蚀和熔化，但又不像核武器爆炸那样产生大量的放射性污染。虽然目前激光武器的研制成本还比较高，但其硬件可以重复使用，每次的发射费用却比较低。例如，一枚'毒刺'防空导弹价值高达 2 万美元，而发射一次氟化氖激光武器的费用仅需一到两千美元。"

"看来激光武器真的是很强大啊！那激光在军事中除了作武器之外还有别的用途吗？"果儿问道。

光子精灵答道："军事应用中主要发展了以下四项激光技术：其一是激光制导技术。激光制导武器精度高、结构比较简单、不易受电磁干扰，在精确制导武器中占有重要地位。20 世纪 70 年代初，美国研制的激光制导航空炸弹在越南战场首次使用。20 世纪 80 年代以来，激光制导导弹和激

激光武器的优点

光制导炮弹的生产和装备数量也日渐增多。"

"其二是激光测距技术。它是在军事上最先得到实际应用的激光技术。20世纪60年代末，激光测距仪开始装备部队，现已研制生产出多种类型，大都采用钇铝石榴石激光器，测距精度为±5米左右。由于它能迅速准确地测出目标距离，广泛用于侦察测量和武器火控系统。"

"其三是激光通信技术。激光通信容量大、保密性好、抗电磁干扰能力强。光纤通信已成为通信系统的发展重点。机载、星载的激光通信系统和对潜艇的激光通信系统也在研究发展中。"

"其四是激光模拟训练技术。用激光模拟器材进行军事训练和作战演习，不消耗弹药，训练安全，效果逼真。现已研制生产了多种激光模拟训练系统，在各种武器的射击训练和作战演习中广泛应用。此外，激光核聚变研究取得了重要进展，激光分离同位素进入试生产阶段，激光引信、激光陀螺已得到实际应用。除此之外，还有激光雷达等很多应用。"

阿力撇嘴问道："那现在军事上有激光剑、激光枪之类的武器吗？"

光子精灵笑笑说："这个还真有！正是由于激光技术的发展，科幻迷们才得以将电影中的武器现实化。2012年年底全球第一把真正意义上的激光剑诞生，这是一款用激光二极管作为光源的激光剑身，由开关、激光二极管、激光组件构成的器件，可卸可装，非常方便实用，只需要购买配套的充电电池进行'能量补充'便能满足激光剑的使用。这些激光剑主要分为蓝光与绿光两种色系和1000毫瓦与2000毫瓦两个功率等级，蓝光对人体刺激较大，绿光则较为温和，瓦数越高聚热越强也就越危险，所以在使用时要注意。伤到皮肤就不好了。"

"好啦，今天就到这里，明天我带你们去看激光的太空应用！"光子精灵说完，便消失在夜空中了。

第五十天　航空航天缺不了

　　大家聚到一起，聊起了昨天国际空间站又成功接收了一批物资的新闻。星儿不无感慨地说："还记得 2011 年 9 月 29 日 21 时 16 分 3 秒'天宫一号'在酒泉卫星发射中心发射成功。那时候我真的从心底感到高兴，为祖国的科技发展而感到骄傲。"

　　看着大家兴奋的样子，光子精灵说道："你们知道吗？在航空航天领域也少不了激光的身影哦！"

　　"是吗？光子精灵你快给我们讲讲吧。"量子第一个问道。

　　光子精灵笑笑道："好的，今天我就给大家讲讲激光在航天及空间领域的应用。"

　　"地形、地貌测绘是激光技术在空间最为常见的应用。NASA[1] 于 1996 年研制使用的航天飞机激光测高仪（SLA）采用 1.06 微米的激光器作为发射源，通过测量激光脉冲在航天飞机和地球地面第一个回波的时间来计算地面与航天飞机的距离；在获得约 50 万个地面回波数据（地面光斑直径约 100 米）后，得到了部分非洲、亚洲和大洋洲的地理数据，形成地形地貌的数字高度模型（DEM）。"

　　"'天宫一号'也用了不少激光技术，"光子精灵说："交会对接是两个航天器在太空轨道上会合，并在结构上连成一个整体的技术，简单来说就是两个航天器要在太空中连成一体，这在地球上都是相当艰巨的任务，在宇宙环境中更难实现。载人航天工程中空间站和飞船的对接，深空探测中着陆舱和轨道舱的会合等都离不开交会对接技术。交会对接飞行操作主要可分为手控、遥控和自主三种方式。"

　　1　NASA：National Aeronautics and Space Administration，美国国家航空航天局。

　　光子精灵继续说道："要使'天宫一号'与'神舟八号'飞船这两个8吨多重的物体，在以时速28 440千米/小时飞行的同时完成偏差不超过18厘米的对接，难度可想而知。要使'天宫一号'目标飞行器与'神舟八号'飞船实现这'惊天一吻'，这对于对两者进行测速和测距的激光雷达提出了很高要求。激光雷达天线的驱动是接受'中枢神经'指令调解雷达角度的神经末梢，其定位精度是实现对接的关键技术之一。"

> **光子小札**
>
> 　　航天器间交会对接过程：通过地面引导中心的作用，两航天器距离一般已达到1～200千米，在其后的跟踪和靠近阶段，需要将距离控制在数十千米至数百米，在最后的停靠对接阶段，距离变成从数百米到零。
>
> 　　微波雷达存在近距离盲区而且其测量精度较差，因此难以应用于自动对接方面，而激光雷达是目前自主交会对接的最优选择。

　　大家都陶醉在'天宫一号'目标飞行器的奇迹中，光子精灵继续说道："下面我给大家讲讲更加神奇的东西，它可是未来十大太空技术的首位，也是最有可能实现的——激光推进技术。"

　　"由于太阳能不足以推动星际太空飞船的飞行，有的科学家提出激光动力推进器技术，即利用一束强大的激光将飞船推向太空，其中一项技术就是'激光烧蚀'技术。所谓的'激光烧蚀'就是利用强大的激光来烧蚀飞船尾部的特殊金属，金属逐渐蒸发形成蒸汽从而提供推进力。"

　　"另一种相似的技术就是由物理学家和科幻小说家格里高利—本福德所提出的太阳帆技术，就是在太空飞船上安装一种太阳帆，太阳帆上涂有一层特殊的油漆。从地面之上发送微波束，微波束'燃烧'特殊油漆中的分子从而产生推进力。这种技术或许将使得星际间的旅行更快。由于激光方向性好、能量高，是比微波束更好的推进源。"

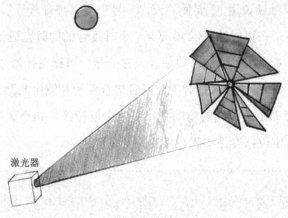

激光器

激光推进器

　　"激光动力推进技术也存在很多重大挑战。首先，激光束必须要精确聚焦于飞船之下，即使距离再远，激光束都不能有丝毫误差，否则，飞船会因为得不到足够的能量而坠毁。其次，激光束生成设施的功率必须要超级强大。在某种情况下，它所需要的能量可能会比人类目前所有的能量输出还要大得多。"

　　大家脸上都露出了不可思议的表情，光子精灵说："现在激光推进技术还处在初级阶段，也许第一台真正意义上的激光推进航天器就会出自大家之手。今天已经太晚了，我们明天见吧。"说完，光子精灵挥动魔棒告别了大家。

第五十一天　"太空电梯"供动力

　　又是一个阳光明媚的早晨，大家相约在校门口一起出发去钓鱼。可果儿却姗姗来迟。"怎么来这么晚啊，鱼儿可都要回家吃午饭喽！"看着跑步到来的果儿，阿诺调侃道。

"我家那栋楼的电梯坏了，我可是从 70 层走下来的，可累坏了。现在出门真是少不了电梯啊！"果儿气喘吁吁地答道。

光子精灵说道："是啊，如今的生活中，人们早已习惯电梯带来的便利。再高的楼层，只需轻轻一按，便可直达目的地。但是，如果告诉你有一座电梯可以将你从地球送到外太空，你还会觉得平凡无奇吗？"

"还有这样的电梯吗？真是太神奇了。"量子感慨道。

"其实，科学家们早已将电梯的概念引入到太空之中。他们构想搭建这样一座'太空电梯'将地球和外空链接起来。这样人们便可以利用它进入外太空。"光子精灵答道。

"'太空电梯'？听起来好像在做梦一样！那这个该怎么实现呢？"星儿发问道。

"其实，'太空电梯'的概念由来已久，其本质是建设一条永久性的缆绳类建筑，将地面与地球轨道上的某一点连接起来，并允许人员、物资、运输工具沿着这条缆绳行驶。虽然'太空电梯'听起来近似于科学幻想，但实际上现在已经具备了成为现实的物质基础。"光子精灵答道。

"从理论上讲，'太空电梯'并不神奇。按照科学家的设想，在地球赤道的太平洋洋面上建造一座平台，用航天器将一条特殊材料制成的长达 10 万公里的缆绳释放下来并把它锚定在平台上，缆绳的另一端连接在太空平台上，沿同步卫星的轨道随着地球一起旋转，由于旋转所产生的离心力刚好抵消了地球的吸引力，这样，'太空电梯'就从地球到太空竖立起来了。用一个由激光提供能量的爬升器在缆绳上移动，这样就可以将飞船、建筑材料甚至乘客直接从海洋平台运送到太空航天器上。"

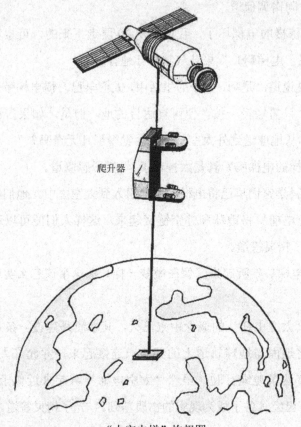

爬升器

"太空电梯"构想图

"'太空电梯'的建造过程主要分四步：首先需要把一个携带空间电梯半成品的飞船或航天器发射到和地球同步的静止卫星所在的轨道上，使其和地球同步飞行；其次是把这个半成品的'太空电梯'从飞船上释放下来，落到位于赤道附近的海面平台上，这个平台类似一般的海上发射卫星或飞船的平台；再次是把半成品的'太空电梯'锚定在平台上，令飞船就漂浮在上面；最后用一个由激光束提供能量的爬升器在这个空间电梯的半成品上上下移动，并把更多碳纳米合成纤维缆绳拧在空间电梯半成品上，进一步完成空间电梯的建造。"

"按照理论设想，'太空电梯'上的爬升器将使用半导体激光泵浦的盘片式固体激光器作为地面支持能源。现在这种激光器的功率已经达到数千瓦，将来需要达到兆瓦（1 兆瓦 =1000 千瓦）量级。在爬升器的底部装有 Si 和 GaAs 光伏电池板，激光经过扩束后照射在光伏电池上，转化为电能为爬升器提供持续不断的动力。"

　　听到这里，同学们都不禁咋舌，不知道什么时候才能搭乘'太空电梯'，光子精灵语重心长地说："同学们，科学的发展不是我们所能想象的，高速发展的科技都是人类智慧与汗水的结晶。人们常常向往于世界的神奇和宇宙的浩瀚，但这些都要靠不断学习科学文化知识，脚踏实地耕耘，以及具有富于创新的头脑才能实现，才能创造全人类美好的明天。这些天我和你们学习了一些科学知识，我相信你们赞叹于自然界的伟大，但更赞叹这神奇的科学知识。现在我要走了，科学创新的重任即将交付于你们手中，希望你们好好学习，创造新世界的任务都要靠你们实现啦！"

　　像来时一样，光子精灵魔棒一挥，消失在了天际，但那耀眼的光芒，将伴随同学们走过一个个科学来临前的黑暗！

附注一 光的前世今生

从古代中国有燧氏钻木取火，开创农耕文明，到希腊神话里普罗米修斯盗取天火把光明带来人间，从爱迪生发明电灯泡到富兰克林大雨夜放风筝捕捉雷电，人们对于光本性的探索从未停止过。

1. 萌芽时期：远古～ 15 世纪末 16 世纪初

中国春秋时期的墨翟（前 468—前 376）及其弟子所著的《墨子》是最早记录有关光学知识和经验规律的著作，比希腊数学家欧几里得（前 325—前 265）所著的《光学》早 100 多年。从墨翟开始的两千多年的漫长岁月构成了光学发展的萌芽时期，在此期间光学发展比较缓慢。到 15 世纪末和 16 世纪初，凹面镜、凸面镜、眼镜、透镜，以及暗箱和幻灯等光学元件的相继出现，预示着新的时期即将到来。

2. 几何光时期：16 世纪初～ 19 世纪初

几何光学时期可以称为光学发展史上的转折点，这时期建立了光的反射和折射定律，奠定了几何光学的基础。

荷兰李普塞（H.Lippershey，1587—1619）在 1608 年发明了第一架望远镜。

延森（Z.Janssen，1588—1632）和冯特纳（P.Fontana，1580—1656）最早制作了复合显微镜。

斯涅耳（W.Snell,1591—1626）和笛卡儿（R.Descartes，1596—1650）提出折射定律的精确公式。

费马（P.de Fermat，1601—1665）在1657年首先指出光在介质中传播时所走路程取极值的原理，并根据这个原理推出光的反射定律和折射定律。

意大利人格里马第（F.M.Grimaldi,1618—1663）首先观察到光的衍射现象。

1672～1675年胡克（R.Hooke,1635—1703）也观察到光的衍射现象，并且和玻意耳（R.Boyle，1627—1691）独立地研究了薄膜所产生的彩色干涉条纹。

17世纪下半叶,牛顿（I.Newton，1643—1727）和惠更斯（C.Huygens,1629—1695）等把光的研究引向进一步发展的道路。

牛顿用三棱镜进行了分光实验，还仔细观察了白光在空气薄层上干涉时所产生的彩色条纹——牛顿圈及其色序问题。牛顿于1704年提出了光是粒子流的理论。惠更斯反对光的微粒说,认为光是在"以太"中传播的波。惠更斯不仅成功地解释了反射和折射定律，还解释了方解石的双折射现象。

3. 波动光学时期:19世纪初～20世纪初

到了19世纪，初步发展起来的波动光学体系已经形成。

杨（T.Young，1773—1829）在1801年最先用干涉原理令人满意地解释了白光照射下薄膜颜色的由来和用双缝显示了光的干涉现象，并第一次成功地测定了光的波长。

菲涅耳（A.J.Fresnel，1788—1827）1815年用杨氏干涉原理补充了惠更斯原理,形成了人们所熟知的惠更斯-菲涅耳原理。

马吕斯（E.L.Malus，1775—1812）1808年偶然发现光在两种介质界面上反射时的偏振现象。

为了解释这些现象，杨氏在1817年提出了光波是一种横波的观点。菲

涅耳进一步完善了这一观点并导出了菲涅耳公式。

至此，用波动理论圆满地解释了光的干涉、衍射和偏振现象。

与此同时，电磁学得到了极大的发展。麦克斯韦建立电磁理论，预言了电磁波的存在，并根据电磁波的速度与光速相等的事实，麦克斯韦确信光是一种电磁现象。

1888年赫兹实验发现了无线电波,证明了麦克斯韦电磁理论的正确性。

爱因斯坦提出了相对论，彻底抛弃了"以太"学说。

4．量子光学时期：20 世纪初～20 世纪中

瑞利和金斯根据经典统计力学和电磁理论，导出黑体辐射公式，它要求辐射能量随频率的增大而趋于无穷。

1887 年赫兹发现光电效应。

1900 年普朗克（M.Planck,1858—1947 年）提出了辐射的量子论，认为各种频率的电磁波只能是电磁波（或光）的频率与普朗克常量相乘的整数倍，成功地解释了黑体辐射问题。

1905 年爱因斯坦（A.Einstein,1879—1955）发展了普朗克的能量子假说，把量子论贯穿到整个辐射和吸收过程中,提出了杰出的光量子（光子）理论，给出了光电方程，圆满解释了光电效应，并为后来的许多实验，如康普顿效应所证实。

5．现代光学时期：（20 世纪中至今）

从 20 世纪六十年代起，特别是在激光问世以后，由于光学与许多科学技术领域紧密结合、相互渗透，一度沉寂的光学又焕发了青春，以空前的规模和速度飞速发展，它已成为现代物理学和现代科学技术一块重要的前沿阵地，同时又派生了许多崭新的分支学科。

1958 年肖络（A.L.Schawlow）和汤斯（C.H.Townes）等提出把微波量子放大器的原理推广到光频率段中去；1960 年美国的梅曼 (T.H.Maiman,

1927—2008)，首先成功地制成了红宝石激光器。

激光科学技术的发展突飞猛进，在激光物理、激光技术和激光应用等各方面都取得了巨大的进展，全固化激光器、光纤激光器、二极管激光器等已经形成了规模产业，激光加工和激光制造已经深入了多个行业。

全息摄影术已在全息显微术、信息存贮、像差平衡、信息编码、全息干涉量度、声波全息和红外全息等方面获得了越来越广泛的应用。

薄膜光学的建立，源于光学薄膜的研究和薄膜技术的发展。

傅立叶光学的建立源于数学、通信理论和光的衍射的结合；它利用系统概念和频谱语言来描述光学变换过程，形成了光学信息处理的内容。

集成光学源于将集成电路的概念和方法引入光学领域。

非线性光学源于高强度激光的出现、它研究当介质已不满足线性叠加原理时所产生的一些新现象，如倍频、混频、自聚焦、光子晶体等。

光学纤维已发展成为一种新型的光学元件，为光学窥视（传光传像）和光通信的实现创造了条件，它已成为某些新型光学系统和某些特殊激光器的组成部分。可以预期光计算机将成为新一代的计算机，想象中的光计算机，由于采取了光信息存储，并充分吸收了光并行处理的特点，它的运算速度将会成千上万倍地增加，信息存储能力可望获得极大的提高，甚至可能代替人脑的部分功能。

（注：本部分内容摘自物理学史及网页，同时进行了部分加工整理。）

附注二　一次物理学盛会

1927 年 10 月，第五届索尔维会议在比利时首都布鲁塞尔举行。这届大会上的物理学家，都是近代物理学史上杰出的科学家。这张照片差不多聚集了在当时颇负盛名的人物，也让我们在八十多年后依然能领略他们的风采。

物理学全明星"梦之队"合影

后排左起：

A. 皮卡尔德（A.Piccard）、E. 亨利厄特（E.Henriot）、P. 埃伦费斯特

（P.Ehrenfest）、Ed. 赫尔岑（Ed.Herzen）、Th. 德唐德（Th.de Donder）、E. 薛定谔（E.Schrödinger）、E. 费尔夏费尔特（E.Verschaffelt）、W. 泡利（W.Pauli）、W. 海森堡（W.Heisenberg）、R.H. 富勒（R.H.Fowler）、L. 布里渊（L.Brillonin）

中排左起：

P. 德拜（P.Debye）、M. 克努森（M.Knudsen）、W.L. 布拉格（W.L.Bragg）、H.A. 克莱默（H.A.Kramers）、P.A.M. 狄拉克（P.A.M.Dirac）、A.H. 康普顿（A.H.Compton）、L. 德布罗意（L.de Broglie）、M. 波恩（M.Born）、N. 波尔（N.Bohr）

前排左起：

I. 朗缪尔（I.Langmuir）、M. 普朗克（M.Planck）、M. 居里夫人（Mme Curie）、H.A. 洛仑兹（H.A.Lorentz）、A. 爱因斯坦（A.Einstein）、P. 朗之万（P.Langevin）、ch.E. 古伊（ch.E.Guye）、C.T.R. 威尔逊（C.T.R.Wilson）、O.W. 里查孙（O.W.Richardson）

附注三　回答问题

1. 为什么星星的实际位置要比我们看到的低？

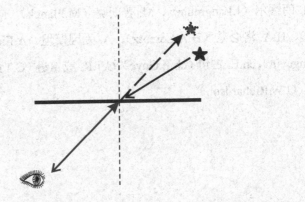

答案：高空中空气稀薄，它与地面空气成为折射率不同的两种介质，光在界面发生折射。由于高空折射率比地面小，按照折射定律，此时的折射角小于入射角。由光路可逆，我们看到的是星星的虚像，要比它的实际位置高些。

2. 你们看，左面的是测量原理图，右面的是测量结果，你们能描述出它是怎么测量出来的吗？

答案：对于待测板，如果用干涉法得到的条纹是等间距的直条纹，那么说明待测板是合格平面，若得到的条纹不是等间距的或者不是直的，说明待测平板不合格。